全国电力出版指导委员会出版规划重点项目

◎**全国电力工人公用类培训教材**

应用钳工基础（第二版）

吴多华　赵长祥　主编

U0313629

中国电力出版社

www.cepp.com.cn

内容提要

本书是全国电力工人公用类培训教材之一。

全书共十一章，内容包括入门知识，量具与测量，划线，錾削，锯割，锉削，钻孔、扩孔、锪孔与铰孔，攻螺纹与套螺纹，平面刮削，综合训练，以及装配基础知识。书中附有 25 个操作训练和复习题，书后附有习题答案，供读者参考。

本书适用火力发电、水力发电、供用电、火电建设、水电建设、电力机械修造和城镇（农村）工矿企业电气工种的初级、中级、高级工人培训考核。

图书在版编目（CIP）数据

应用钳工基础/吴多华，赵长祥主编. —2 版. —北京：中国电力出版社，2004. 8（2017.6 重印）
全国电力工人公用类培训教材
ISBN 978 – 7 – 5083 – 2379 – 4

Ⅰ. 应…　Ⅱ. ①吴…　②赵…　Ⅲ. 钳工 – 技术培训 – 教材　Ⅳ. TG9

中国版本图书馆 CIP 数据核字（2004）第 080181 号

中国电力出版社出版、发行

（北京市东城区北京站西街 19 号　100005　http://www.cepp.sgcc.com.cn）
汇鑫印务有限公司印刷
各地新华书店经售

*

1994 年 12 月第一版
2004 年 8 月第二版　　2017 年 6 月北京第十八次印刷
850 毫米×1168 毫米　32 开本　9.75 印张　257 千字
印数 84301—85300 册　　定价 25.00 元

努力搞好教材建设

为提高电业职工

素质服务

史大桢

一九九二年 青月

出 版 说 明

　　《全国电力工人公用类培训教材》自 1994 年出版以来，已用于电力行业工人培训 10 余年，得到了广大电力工人和培训教师的一致好评。为提高电力职工素质、使电力职工达到相应岗位的技术要求奠定了基础。

　　近年来，随着国家职业技能标准体系的完善，《中华人民共和国职业技能鉴定规范·电力行业》已在电力行业正式实施。随着电力工业的高速发展，电力行业的职业技能标准水平已有明显提高，为满足职业技能鉴定规范对电力行业各有关工种鉴定内容中共性和通用部分的要求，我们对《全国电力工人公用类培训教材》重新组织了编写出版。本次编写出版的原则是：以《中华人民共和国职业技能鉴定规范·电力行业》为依据，以满足电力行业对从业技术工人基本知识结构的要求为目标，兼顾提高电力从业人员的综合素质。本次编写出版的教材共 14 种，即：

电力工人职业道德与法律常识　　应用机械基础(第二版)

电力生产知识(第二版)　　　　　应用力学基础(第二版)

电力安全知识(第二版)　　　　　应用水力学基础(第二版)

应用电工基础(第二版)　　　　　实用热工基础

应用电子技术基础(第二版)　　　应用计算机基础

电力工程识绘图　　　　　　　　电力工程常用材料(第二版)

应用钳工基础(第二版)　　　　　电力市场营销基础

　　本教材此次编写出版得到了以上各册新老作者的大力支持，在此表示由衷的感谢！同时，欢迎使用本教材的广大师生和读者对其不足之处批评指正。

中国电力出版社

2004.6

前　言

　　全国电力工人公用类培训教材《应用钳工基础》(第二版)又与读者见面了。本书是在《应用钳工基础》与《应用钳工基础习题解答》两本书(以下简称原书)的基础上修编而成的。在修编过程中,我们不仅保留了原书的主要特点,而且对原书的缺陷和不足,进行了精细的加工和弥补。因此,修订后的《应用钳工基础》(第二版)特色更加鲜明,主要表现在:第一,突出了双基培训内容(基础理论知识和基本操作技能),满足了电力行业各专业、工种技术工人培训的需求。第二,工艺知识讲解与操作技能训练紧密结合,遵循了理论联系实际的教学原则,体现了"讲练"结合的教学方法。第三,重点突出,实效性强。全书以钳工基本操作技能训练为主线,以掌握操作(动作)要领和操作(加工)方法为重点,遵循生产技能形成的规律,科学编排操作训练内容,使教师和学员感到易教易学。第四,文字简练,图文并茂。本书对钳工主要基本操作(动作)要领、操作(加工)方法均进行了提炼、总结和概括,并插入了大量的图表,这不仅使读者有耳目一新的感受,更增强了教材的实用性。第五,弥补了原书有关章节学习内容广度和深度方面的不足,从而更大限度地满足了有关专业、工种高、中级工培训要求。

　　本书由吴多华、赵长祥主编,陈岳、赵雪峰、吴畏、舒广奇、牛建国、尚影参编,韩焕会主审,屈珂、杜明参审。在修编过程中,我们得到了河南电力工业学校、重庆电力教育培训中心、广东电力工业学校、北京电力公司培训中心、山西电力职业技术学院和锦州电力工业学校等单位的支持与帮助,在此一并表示衷心的谢意。

由于时间仓促，水平所限，书中难免有疏漏和谬误之处，请读者批评指正。

作　者
二〇〇四年八月

目　录

第一章

入门知识

第一节 概 述

一、钳工基本操作在电力工业中的作用

以手工工具为主，多在台虎钳上对金属材料进行加工，完成零件的制作、设备的装配、调试及修理的工种称为钳工。

随着科学技术的发展，先进的机器设备不断出现。钳工虽然以手工操作为主，但仍具有广泛的适用性和灵活性。在电力工业中，电力设备的制造和安装，正常的设备检修与临时设备缺陷的处理，主要是由各工种的电力技术工人完成的。不管是从事钳工工种的技术工人，还是从事安装、检修工种的技术工人，要提高自身素质，胜任本职工作，不仅要努力学习专业理论知识，而且应熟练、扎实地掌握钳工基本操作技能。

钳工主要基本操作技能包括测量、划线、錾削、锉削、锯割、钻孔、锪孔、铰孔、攻螺纹与套螺纹、矫正与弯曲、铆接、刮削、研磨和简单的热处理等。

二、钳工常用设备和工夹量具

1. 钳工常用设备

（1）钳台。钳台是钳工专用的工作台，台面上装有台虎钳和安全网。钳台多为铁木结构，高度为 800～900mm，长、宽根据需要而定，见图 1－1（a），确定钳台适宜高度的方法见图 1－1（b）。

（2）台虎钳。台虎钳简称虎钳，是用来夹持工件的一种常用设备，有固定式和回转式两种，其构造见图 1－2。台虎钳的规格用钳口的长度表示，常用的有 125、150、200mm 等。

台虎钳的使用和保养应注意下列问题：

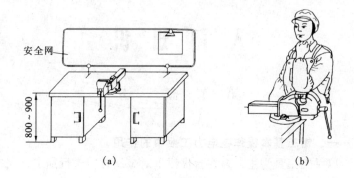

图 1-1　钳台

(a) 钳台外形；(b) 确定钳台高度的方法

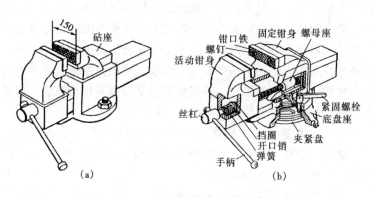

图 1-2　台虎钳

(a) 固定式；(b) 回转式

1) 台虎钳必须牢固地固定在钳台上，工作时不能松动，以免损坏台虎钳或影响加工质量。

2) 夹紧或松卸工件时，严禁用手锤敲击或套上管子转动手柄，以免损坏丝杠和螺母。

3) 不允许用大锤在台虎钳上锤击工件。带砧座的台虎钳，只允许在砧座上用手锤轻击工件。

4) 用手锤进行强力作业时，锤击力应朝向固定钳身，见图 1-3。否则，易损坏丝杠和螺母。

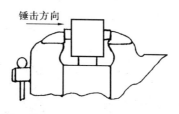

图 1-3 锤击力方向

5）螺母、丝杠及滑动表面应经常加润滑油，保证台虎钳使用灵活。

（3）砂轮机。砂轮机是主要用来磨削各种刀具和工具的设备，如修磨钻头、錾子、刮刀、划规、划针和样冲等，有普通式和吸尘式两种，见图 1-4。

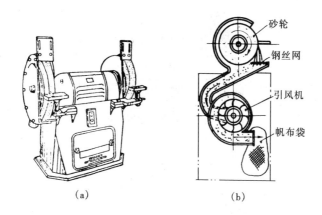

（a）　　　　　　　　（b）

图 1-4 砂轮机

（a）普通式；（b）吸尘式

（4）钻床。钻床是主要用来加工各类圆孔的设备。常用的钻床有台式钻床、立式钻床和摇臂钻床，见图 1-5。

2．钳工常用的工具、量具和夹具

钳工基本操作中常用的工具如图 1-6 所示。常用的量具如图 1-7 所示。常用的夹具主要有平口虎钳、钻夹头和钻套等。

3

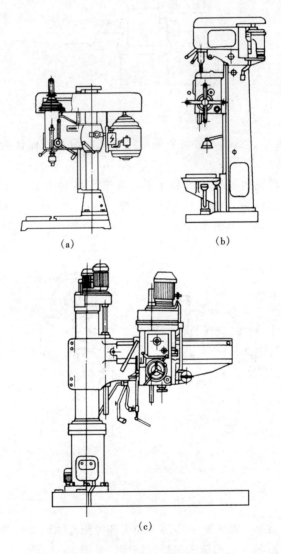

（a）　　　　　　　　　　　　　（b）

（c）

图 1-5　钻床

（a）台钻；（b）立钻；（c）摇臂钻

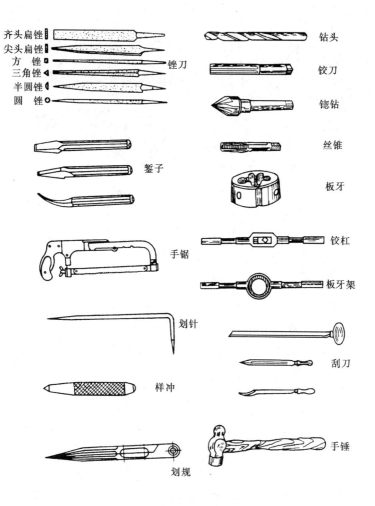

齐头扁锉
尖头扁锉
方　锉
三角锉
半圆锉
圆　锉
锉刀

钻头
铰刀
锪钻
丝锥
板牙

錾子

手锯

铰杠
板牙架

划针

样冲

刮刀

划规

手锤

图 1-6　钳工常用工具

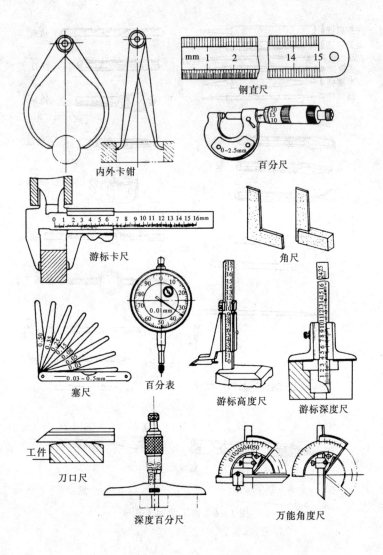

钢直尺

内外卡钳

百分尺

游标卡尺

角尺

塞尺

百分表

游标高度尺

游标深度尺

工件

刀口尺

深度百分尺

万能角度尺

图 1－7　钳工常用量具

第二节　安全文明操作的基本要求

作为一名优秀的电力技术工人，不仅应有熟练、过硬的基本功和分析、解决问题的能力，而且应有安全文明的生产习惯和良好的工作作风。因此，在培训过程中要求做到：

（1）严格遵守劳动纪律和有关安全操作规程。

（2）培训场地和设备应保持整洁，零件、材料放置要整齐、平稳。

（3）不准擅自动用不熟悉的设备和工具。

（4）工具、量具不准混放。使用前后均应擦拭干净，精密量具用后应放入盒内，要养成合理放置工量具的习惯（见图1-8）。

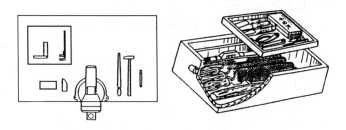

图1-8　工量具的放置

（5）使用电气设备和开合闸刀时，应小心不要触电。使用完毕后，应及时切断电源。

（6）操作前应看懂图样，熟悉加工工艺和技术要求，严格按照图样、工艺和技术要求加工。发现问题不得擅自修改，应提请有关人员处理。

操作训练1　训练前的准备工作

1.训练要求

作好培训准备工作，熟悉常用设备和工量夹具。

2．设备

钳台、台虎钳等。

3．工具

测量工具、划线工具、錾削工具、锉削工具等。

4．辅具

棉纱、机油等。

5．训练安排

参观生产车间，了解生产现场（装配车间或机修车间、检修车间、安装现场）的布局和工作条件。

（1）熟悉常用设备和工量夹具。

1）熟悉钳台、台虎钳、砂轮机和钻床等设备；

2）熟悉测量、划线、锉削、錾削等工具。

（2）安排训练位置。

按身高选择（或调整）台虎钳高度，安放好踏脚板。

（3）领取工量具、工件毛坯。

将工量具和工件有秩序地摆放在工具柜（或工具箱）内。

（4）保养台虎钳。

1）用棉纱将台虎钳擦拭干净；

2）在螺母、丝杆和滑动表面处加润滑油。

复 习 题

一、选择题

1．钳台的高度一般以（　　）为宜。

（1）800～900mm；（2）1000mm；（3）1100mm。

2．在台虎钳上强力作业时，应尽量使力量朝向（　　）。

（1）活动钳身；（2）固定钳身；（3）活动钳身或固定钳身。

3．使用砂轮机时，操作者应站在砂轮机的（　　）。

（1）对面；（2）侧面；（3）对面或侧面。

4．砂轮机托架距离砂轮片的间隙应控制在（　　）以下。

（1）5mm；（2）4mm；（3）3mm。

二、问答题

1. 钳工基本操作包括哪些内容？

2. 使用和保养台虎钳时应注意哪些问题？

3. 简述安全文明操作的基本要求。

第二章

量 具 与 测 量

在零件加工和设备安装、检修过程中，为了指导加工，确保安装、检修质量，必须使用特定的量具进行测量工作。

用来测量工件尺寸、形状和位置的工具称为量具。量具的种类很多，常用的量具有：

(1) 普通量具。如钢尺、刀口尺、角尺、卡钳和塞尺等。

(2) 游标量具。如游称卡尺、游标高度尺、游标深度尺和万能角度尺等。

(3) 微分量具。如外径百分尺、内径百分尺和深度百分尺等。

(4) 测微仪。如百分表、千分表等。

(5) 水平仪。如条形普通水平仪、框式普通水平仪、光学合像水平仪等。

(6) 专用量具。如螺纹百分尺、螺距测量仪、公法线百分尺等。

测量就是某一被测量与标准量（基准单位）之间的比较过程。以公式表示为

$$比值 = \frac{被测量}{标准量}$$

基准单位（标准量）均采用法定计量单位（见表 2 - 1）。

在实际工作中，有时会遇到英制尺寸，常用的英制单位名称和进位关系如下：

表 2 - 1　　　　　　　　　法定长度计量单位

单位名称	代　号	对基准单位的比
米	m	基准单位
分米	dm	0.1m（10^{-1}m）
厘米	cm	0.01m（10^{-2}m）

单位名称	代　号	对基准单位的比
毫米①	mm	0.001m（10^{-3}m）
丝米②	dmm	0.0001m（10^{-4}m）
忽米②	cmm	0.00001m（10^{-5}m）
微米	μm	0.000001m（10^{-6}m）

①在机械制造中，常以毫米为基准单位，机械图样中不标注单位名称的，均为毫米数。

②丝米、忽米不是法定计量单位。工厂里常用忽米，俗称"丝"或"道"，1 丝 = 0.01 毫米。

$$1 英尺（1'）= 12 英寸（12''）$$

$$1 英寸 = 8 英分$$

为了方便起见，可将英制尺寸换算成米制尺寸。其换算关系是

$$1 英寸 = 25.4 毫米$$

第一节　普通量具

一、钢直尺

1. 钢直尺的规格

钢直尺是一种具有刻度的标尺，可直接测量物体的尺寸。如图 2 - 1 所示，钢直尺多用不锈钢薄板制作，其常用规格有 150、300、500、1000mm 等四种。

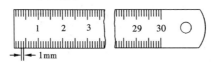

图 2 - 1　钢直尺

2. 钢直尺的使用方法

（1）用钢直尺检测平面度。检测毛坯工件表面和粗加工工件表面平面度时，均可用钢直尺检测，其检测方法与刀口尺相同，

见图 2-2。

(2) 用钢直尺测量工件尺寸。用钢直尺测量工件尺寸的方法见图 2-3。

3．读数方法

用钢直尺测量工件的尺寸时，直接进行读数（毫米以下的数值可估计读出）。读数时应正视钢直尺面，视线垂直于钢直尺刻度线，见图 2-4。

图 2-2 用钢直尺检测平面度

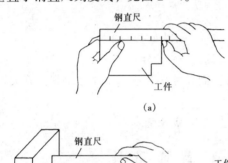

(a)

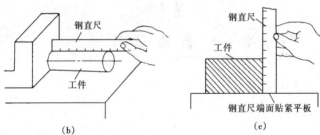

(b)   (c)

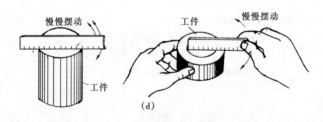

(d)

图 2-3 用钢直尺测量尺寸的方法

(a) 钢直尺端边零线须与工件边缘重合，并与两被测面垂直，其最小值为测量数值；(b) 测量圆柱形工件的长度尺寸时，钢直尺应与轴心线平行；(c) 在平板上测量工件高度尺寸时，钢直尺端面要贴紧平板；(d) 测量圆形工件的直径时，将钢直尺一端稳住不动，慢慢摆动另一端，其最大值为测量数值

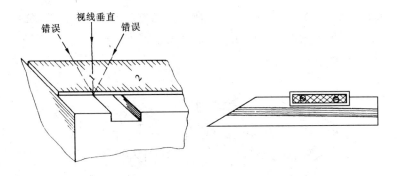

图 2-4 钢直尺的读数方法　　　　图 2-5 刀口尺

二、刀口尺

刀口尺（见图 2-5）是一种测量工件平直度和平面度的普通量具，常与塞尺配合使用，其常用规格有 75、125、175mm 等。

使用刀口尺检测工件的直线度或平面度时，一般采用光隙法检测，如图 2-6 所示，也可配合塞尺测量。如果看见的是一根均匀而纤细的亮光，工件的表面就是平直的，见图 2-6（b）；

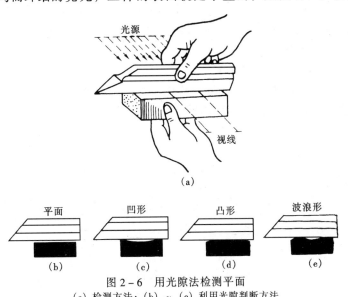

（a）

图 2-6 用光隙法检测平面
（a）检测方法；（b）～（e）利用光隙判断方法

如果看见如图2-6（c）～（e）所示的光隙，则说明工件的表面不平。测量平面度时，应在工件表面的不同方向检测后进行综合分析，见图2-7。

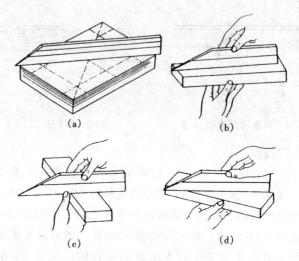

（a）

（b）

（c）

（d）

图2-7 检测部位和方法

（a）检测部位；（b）纵向检测；（c）横向检测；（d）对角检测

三、角尺

1.角尺的种类和用途

角尺是用来测量工件内、外角垂直度的一种量具，常与塞尺配合使用。角尺的种类和构造见图2-8。角尺的规格用尺苗长

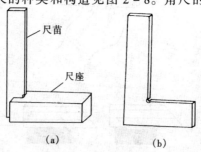

尺苗

尺座

（a）

（b）

图2-8 角尺的构造

（a）宽座角尺；（b）样板角尺

度×尺座长度表示，如 63mm×40mm、125mm×80mm。

2．角尺的使用方法

用角尺测量工件垂直度前，应先用锉刀去除工件棱边上的毛刺，称为倒棱，见图 2 - 9。然后通过光隙法或利用塞尺进行测量，其使用方法见图 2 - 10。

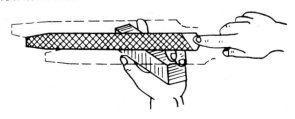

图 2 - 9　倒棱方法

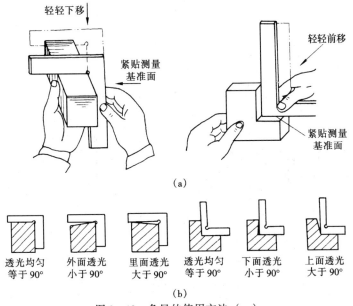

（a）

透光均匀	外面透光	里面透光	透光均匀	下面透光	上面透光
等于90°	小于90°	大于90°	等于90°	小于90°	大于90°

（b）

图 2 - 10　角尺的使用方法（一）

（a）用光隙法测量内、外角垂直度时，操作者面对光源进行检测；

（b）根据透光情况确定垂直度

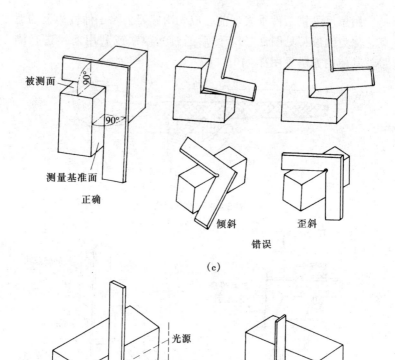

被测面

90°

90°

测量基准面

正确

倾斜

歪斜

错误

（c）

光源

视线

90°

平板

（d）

（e）

图 2 – 10　角尺的使用方法（二）

（c）检测时，角尺的放置位置应正确；

（d）用角尺在平板上检测工件垂直度的方法；

（e）与塞尺配合检测

四、卡钳

卡钳分外卡钳和内卡钳两种，如图2-11所示。外卡钳用来测量工件的外部尺寸，如测量外径、平行面等；内卡钳测量工件内部尺寸，如测量内径、槽宽等。卡钳多用不锈钢板制作，铆合的松紧应适度，卡尖的形状应正确，其规格有125、150、200mm等。

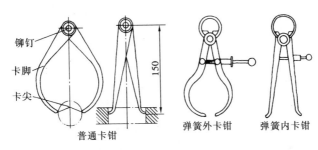

图2-11 卡钳

1.卡钳的使用方法

（1）外卡钳的使用方法。测量一般工件时，外卡钳的拿法如图2-12所示。用外卡钳测量工件外部尺寸的方法有光隙法和感觉法两种，见图2-13。工件误差较大，进行粗测时，用光隙法判断所测工件的误差；工件误差较小，进行精测时，通过手的松紧感觉判断所测工件的误差。测量时，靠卡钳自身重力通过工件。

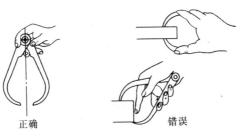

图2-12 外卡钳的拿法

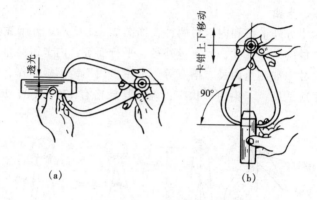

图 2 – 13 外卡钳的使用方法

（a）光隙法；（b）感觉法

（2）内卡钳的使用方法。测量一般工件内部尺寸时，内卡钳的常见拿法如图 2 – 14 所示。用内卡钳测量内部尺寸时的方法见图 2 – 15。

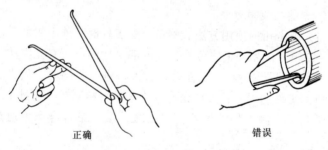

正确　　　　　　　　　错误

图 2 – 14　内卡钳常见拿法

测量内径时，将下卡尖稳住不动，上卡尖先沿圆弧微动，确定卡尖处于内孔直径位置，然后再做内外微动，通过手感测出准确的孔径；测量槽宽时，将一卡尖与工件被测面贴紧不动，另一卡尖做上、下、左、右微动，要求卡尖与工件刚好接触，使手感适度。

（3）卡钳开度的调整方法。卡钳开度的调整方法见图 2 – 16。

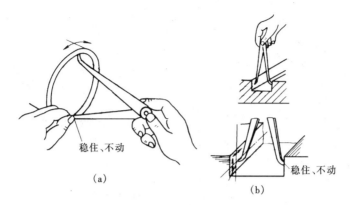

稳住、不动

（a）

稳住、不动

（b）

图 2 - 15　内卡钳的使用方法

（a）测量内径；（b）测量槽宽

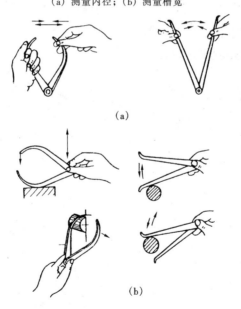

（a）

（b）

图 2 - 16　卡钳开度的调整方法

（a）较大开度的调整方法；（b）正确的微调方法

（4）卡尖与工件的接触位置。为了保证测量的准确性，测量时卡尖与工件的接触位置必须正确，如图 2 - 17 所示。

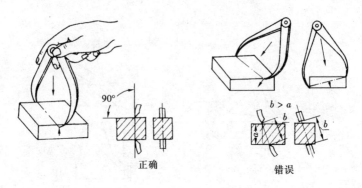

正确　　　　　　　　错误

图 2－17　卡尖与工件的接触位置

2. 读 数 方 法

卡钳是一种间接量具，常配合钢直尺、游标卡尺和百分尺进行读数，其方法见图 2－18。

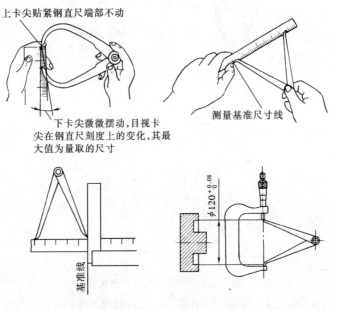

上卡尖贴紧钢直尺端部不动

下卡尖微微摆动，目视卡尖在钢直尺刻度上的变化，其最大值为量取的尺寸

测量基准尺寸线

基准线

$\phi 120^{+0.08}_{0}$

图 2－18　用卡钳量取尺寸的方法

五、塞尺

塞尺(见图 2－19)是由若干片厚薄不同的薄钢片组成的一种

量具，每一片上都标有厚度值。其用途是测量两结合面之间的间隙，塞尺的测量范围一般为 0.02 ~ 1mm。塞尺的使用方法见图 2 - 20。尺片塞入后来回抽动，有轻微的阻滞感觉时，尺片的厚度即为被测的间隙，见图 2 - 20（a）。塞尺片可组合几片进行测量，但不要超过四片，见图 2 - 20（b）。

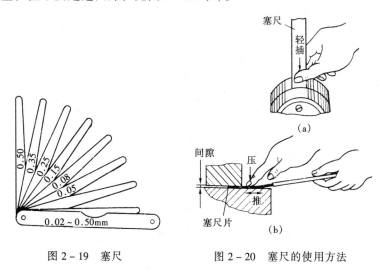

图 2 - 19　塞尺　　　　图 2 - 20　塞尺的使用方法

第二节　游标量具、微分量具和测微仪

一、游标量具

游标量具是应用游标刻线原理制成的一种比较精密的量具。其测量精度可达 0.02mm。常用的游标量具有游标卡尺、游标深度尺、游标高度尺和万能角度尺等。

（一）游标卡尺

1. 游标卡尺的结构及种类

游标卡尺是一种可以直接测量工件外部尺寸、内部尺寸和深度尺寸的游标量具，其结构见图 2 - 21。游标卡尺的种类很多，按游标卡尺的测量精度分，有 0.05mm 和 0.02mm 两种，其中

0.02mm 的游标卡尺应用最为广泛。按游标卡尺的结构分，有二用游标卡尺、三用游标卡尺、带微调游标卡尺、带表盘游标卡尺和液晶数字显示游标卡尺等，其结构如图 2 – 22 所示。二用游标卡尺用来测量工件外部尺寸和内部尺寸；三用游标卡尺测量工件的外部尺寸、内部尺寸和深度尺寸；带表盘的游标卡尺可以在表盘上直接进行读数。

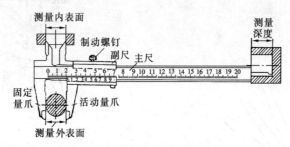

图 2 – 21　游标卡尺的结构

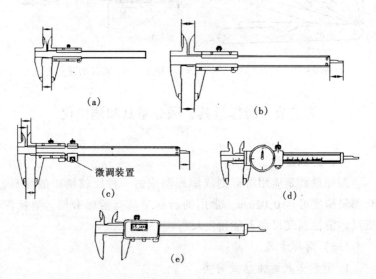

图 2 – 22　游标卡尺的种类

(a) 二用游标卡尺；(b) 三用游标卡尺；(c) 带微调的游标卡尺；

(d) 带表盘的游标卡尺；(e) 液晶数字显示游标卡尺

2．游标卡尺的刻线原理

（1）0.05mm（1/20）游标卡尺（见图 2 - 23）。主尺每格 1mm，将主尺上 19mm 在副尺（游标）上等分 20 格，则副尺每格 = 19mm ÷ 20 = 0.95mm，主尺与副尺每格相差 1 - 0.95 = 0.05（mm）。所以，0.05mm 游标卡尺的测量精度为 0.05mm。

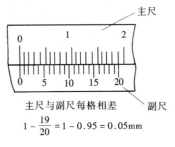

主尺与副尺每格相差

$$1 - \frac{19}{20} = 1 - 0.95 = 0.05mm$$

图 2 - 23　0.05mm 游标卡尺刻线原理

同理，放大系数的 0.05mm 游标卡尺是将主尺上 39mm 在副尺（游标）上等分 20 格，则副尺每格为 39/20 = 1.95（mm），主尺 2 格与副尺 1 格相差 2 - 1.95 = 0.05（mm）。

（2）0.02mm（1/50）游标卡尺（见图 2 - 24）。主尺每格 1mm，将主尺上 49mm 在副尺（游标）上等分 50 格，则副尺每格为 49/50 = 0.98mm，主尺与副尺每格相差 1 - 0.98 = 0.02mm。所以，其测量精度为 0.02mm。

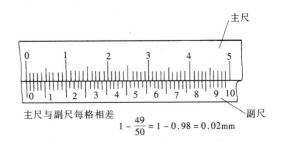

主尺与副尺每格相差

$$1 - \frac{49}{50} = 1 - 0.98 = 0.02mm$$

图 2 - 24　0.02mm 游标卡尺刻线原理

3．游标卡尺的读数方法（见图 2 - 25）

（1）整数值。副尺零线左边主尺上毫米整数；

（2）小数值。在副尺上查出哪一条线与主尺刻度线对齐（第一条零线不算），并数出副尺格数，则

$$副尺上的小数值 = 游标卡尺精度 \times 副尺格数$$

（3）测量数值。

$$测量数值 = 主尺上的整数值 + 副尺上的小数值$$

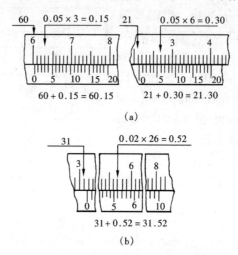

（a）

$$31 + 0.52 = 31.52$$

（b）

图 2 - 25　游标卡尺的读数方法

（a）0.05mm 游标卡尺的读数实例；

（b）0.02mm 游标卡尺的读数实例

4. 游标卡尺的使用方法

（1）使用前的检查。使用前必须检查游标卡尺有无缺陷，如卡脚测量面是否有间隙、主尺与副尺的零线是否对齐等，见图 2 - 26。

（2）握持方法。测量较小工件时，可单手握持卡尺进行测量，如图 2 - 27（a）所示，一手拿工件，一手拉或推副尺；测量较大工件时，应将工件放稳后，一手握持固定卡脚，另一手握持主尺，用拇指拉或推副尺，如图 2 - 27（b）所示。

（3）带微调游标卡尺的使用方法（见图 2 - 28）：

1）松开副尺上的紧固螺钉；

2）旋紧微调装置上的紧固螺钉；

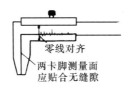

零线对齐
两卡脚测量面
应贴合无缝隙

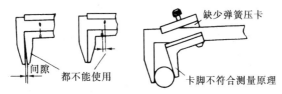

间隙　都不能使用

缺少弹簧压卡

卡脚不符合测量原理

图 2-26　使用时检查卡尺

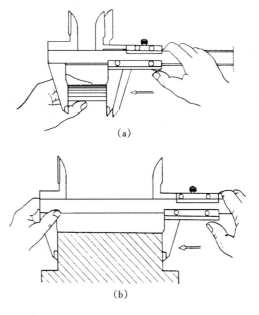

（a）

（b）

图 2-27　游标卡尺的握持方法

（a）单手握尺；（b）双手握尺

3）用拇指旋动微调轮。

（4）测量方法。用游标卡尺测量工件内部尺寸和深度尺寸的方法见图 2-29。

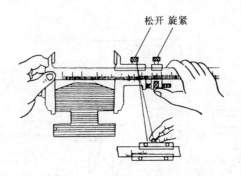

图 2 - 28　带微调卡尺的使用方法

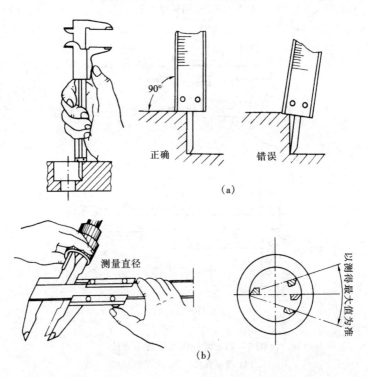

图 2 - 29　游标卡尺的测量方法

（a）测量深度尺寸的方法；（b）测量内部尺寸的方法

（二）其他游标尺

（1）游标深度尺。游标深度尺的用途是测量工件台阶长度和孔槽深度等，其结构见图 2 – 30。

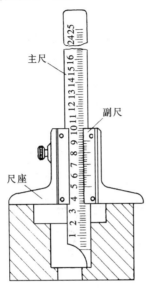

图 2 – 30　游标深度尺

（2）游标高度尺。游标高度尺的用途是测量工件高度尺寸和进行精密划线，其结构见图 2 – 31。

（3）万能角度尺。万能角度尺（见图 2 – 32）是用来测量工件内外角度的一种游标量具。按测量精度分有 2′和 5′两种。测量范围为 0°～320°。使用时，根据检测范围移动、拆换角尺和直尺，见图 2 – 33。

二、微分量具

微分量具是利用螺旋副的升降原理制成的一类精密量具，其测量精度为 0.01mm。常用的有外径百分尺、内径百分尺和深度百分尺等。

（一）外径百分尺

外径百分尺的规格按测量范围分，有 0～25mm、25～50mm、

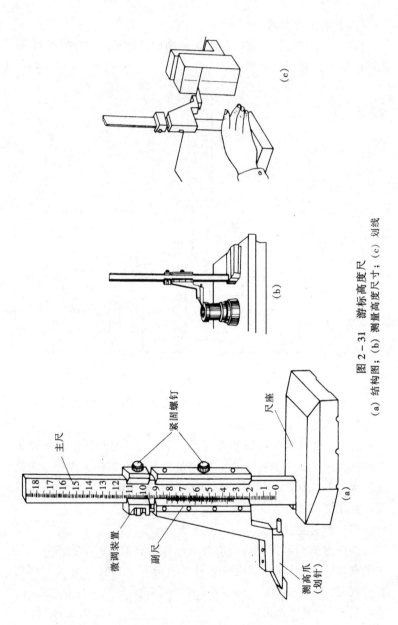

图 2 – 31 游标高度尺

(a) 结构图；(b) 测量高度尺寸；(c) 划线

主尺

紧固螺钉

微调装置

副尺

尺座

测高爪
(划针)

(a)

(b)

(c)

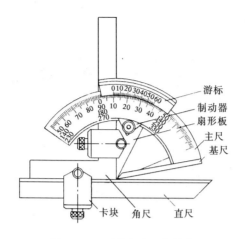

图 2 - 32　万能角度尺的结构

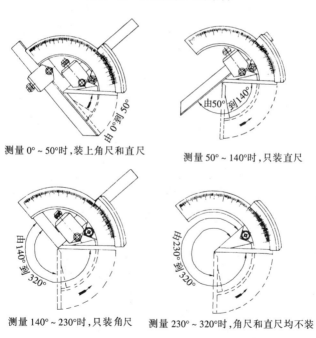

测量 0° ~ 50°时,装上角尺和直尺

测量 50° ~ 140°时,只装直尺

测量 140° ~ 230°时,只装角尺

测量 230° ~ 320°时,角尺和直尺均不装

图 2 - 33　万能角度尺的使用

50 ~ 75mm 等。其结构见图 2 - 34。

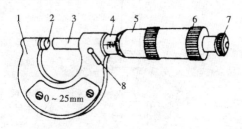

图 2 - 34　外径百分尺的结构

1—尺架；2—固定测砧；3—测微螺杆；4—固定套
筒；5—活动套筒；6—螺帽；7—棘轮；8—止动柄

1．百分尺的刻线原理

如图 2 - 35 所示，将活动套筒圆锥面等分为 50 格，当活动套筒转动一圈时，测微螺杆轴向位移 0.5mm（螺杆螺距为 0.5mm）；活动套筒转动一格时（即 1/50 圆周），测微螺杆轴向移动为 $0.5 \times 1/50 = 0.01$mm。所以，百分尺的测量精度为 0.01mm。

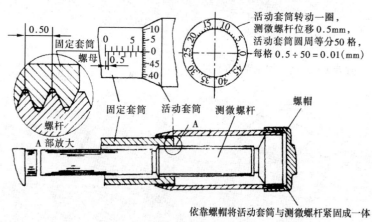

图 2 - 35　百分尺的刻线原理

2．百分尺的读数方法（见图 2 - 36）

（1）读出固定套筒露出刻线的毫米整数和半毫米数；

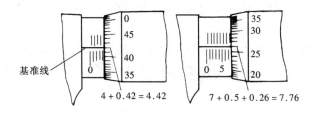

$4 + 0.42 = 4.42$　　　$7 + 0.5 + 0.26 = 7.76$

图 2 – 36　百分尺的读数方法

（2）读出活动套筒圆锥上与基准线对齐的小数刻度值；

（3）两数相加即为测量数值。

3．百分尺的使用方法

（1）使用前的检验。使用前必须检查和校准百分尺，其方法如图 2 – 37 所示。校验方法：0 ~ 25mm 百分尺直接使两测量面贴

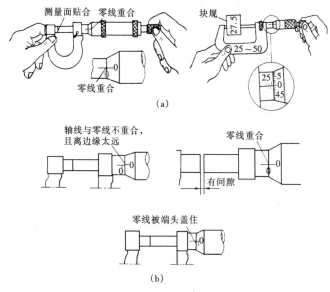

图 2 – 37　百分尺校对检验的方法
（a）校验方法；（b）主要缺陷形式

合后校对，25～50mm以上测量范围的百分尺可用校验棒或块规校对。

（2）握持方法。用百分尺测量一般工件尺寸，工件较小时，可用单手握持测量；工件较大时，可用双手握持测量。其方法见图2－38。

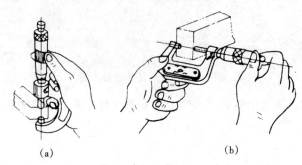

图2－38　百分尺握持方法

(a) 单手测量法；(b) 双手测量法

（3）使用要点及注意事项：

1）先调整百分尺的开度，使其稍大于被测尺寸；

2）旋拧棘轮（测力装置），并轻轻晃动尺架，使测量面与工件表面正确接触；

3）正确使用测力装置，保持测量力度恒定；

4）必须在静止状态下测量工件尺寸，不允许在工件转动或加工中进行测量；

5）读数时，要特别注意固定套筒上的半毫米线，初学者常发生多读或少读0.5mm的差错。

（二）其他百分尺介绍

1．内径百分尺

内径百分尺是测量工件内径或槽宽尺寸的微分量具，常用的有卡脚式内径百分尺和杠杆式内径百分尺。

（1）卡脚式内径百分尺。卡脚式内径百分尺的结构见图2－39。其测量范围有5～30mm和25～50mm两种，固定套筒上的数字表示与外径百分尺相反。

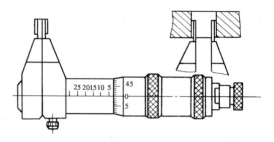

图 2 - 39　卡脚式内径百分尺

（2）杠杆式内径百分尺。杠杆式内径百分尺的结构见图2 - 40。其螺杆的最大行程为25mm,测量范围可查相关手册。

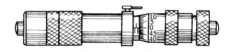

图 2 - 40　杠杆式内径百分尺

2．深度百分尺

深度百分尺是测量工件台阶长度或孔、槽深度尺寸的微分量具，其结构见图 2 - 41。

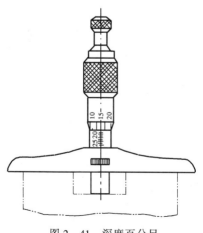

图 2 - 41　深度百分尺

三、测微仪

测微仪包括百分表、千分表等。本章主要介绍百分表的用途、结构、工作原理和使用方法。

1. 百分表的用途和规格（见图2-42）

百分表主要用于测量零件尺寸、形状和位置偏差的绝对值或相对值，以及检验机床设备的几何精度或调整工件的装夹位置。其规格按测量范围分，常用的有0～3mm、0～5mm、0～10mm三种。按制造精度分，有0级和1级两种，其中0级精度最高，1级次之。

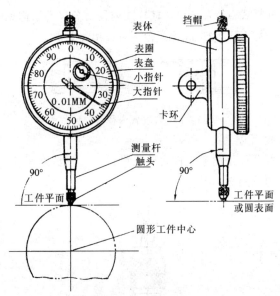

图2-42 百分表及其使用方法

2. 百分表的工作原理和刻线原理

（1）工作原理。百分表的工作原理如图2-43所示。当测杆（齿杆）上下移动时，推动表内小齿轮及与小齿轮同轴的大齿轮一起转动，大齿轮又带动相啮合的中心齿轮转动，与中心齿轮同轴的指针也就同步转动。同时，与中心齿轮相啮合的另一大齿轮带动小指针转动（指针转一周，小指针转一格）。

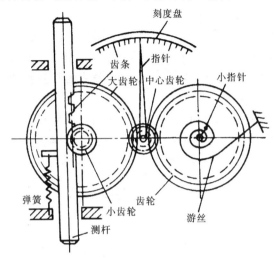

图 2 – 43　百分表工作原理示意图

在中心齿轮右侧的大齿轮轴上装有游丝，其作用是消除齿轮间的间隙，以保证其精度。百分表的测力由弹簧作用，能使测杆回到原位。

（2）刻线原理。当测杆（齿杆）位移 1mm，指针转动一周，将表盘圆周等分 100 格，则每格为 1/100 = 0.01（mm）。

3．百分表的使用方法

（1）测量前的检查。主要是检查其灵敏度及其稳定性。

1）检查百分表的灵敏度。检查时，用手指轻轻来回推动测杆。检查测杆在套筒内移动是否平稳、灵活，有无卡住或跳动现象；指针与表盘有无碰擦现象，指针摆动是否平稳。

2）检查百分表的稳定性。在百分表处于自由状态下时，多次推动测杆，观察指针每次是否都能回到原位。若不能回到原位，说明表的稳定性差，不能使用。

（2）使用要点。百分表的使用要求及有关注意事项：

1）百分表必须牢固地固定在表架或其他支架上。

2）测量时，应轻轻提起测杆，把工件移至测头的下面，缓慢下降测头，使之与工件接触。

3）测头与被测工件表面接触时，测杆应预先有 1mm 左右的压缩量，以保证初始测力，提高百分表的稳定性。

4）为了读数方便，测量前可把百分表的指针指到刻度盘的零位。

5）在平面上测量时，测杆要与被测表面垂直，以保证测杆移动的灵活性，降低测量误差。在圆柱形工件表面上测量时，应保证测杆中心与工件纵向轴心线垂直并通过轴心。

操作训练 2　测量练习

1．训练要求

（1）掌握钢直尺、卡钳、角尺、游标卡尺和外径百分尺的使用测量方法。

（2）要求测量方法正确，读数准确。

（3）将测量数据填写在表 2-2 中。

2．工件图（参考）

测量练习专用件如图 2-44 所示。

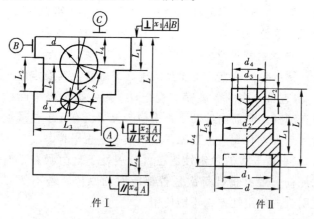

件 I　　　　　　　　　　件 II

图 2-44　测量专用件

表 2－2 测 量 记 录 （mm）

项目	量 具	工件	测 量 结 果									
			L	L_1	L_2	L_3	L_4	d	d_1	d_2	d_3	d_4
尺 寸	钢 尺	I										
		II										
	卡 钳	I										
		II	/	/	/	/	/					
	游标卡尺	I										
		II	/									
	百分尺	I	/					/	/	/	/	/
		II	/	/	/	/	/		/			
平 行 度	卡 钳	I	L 最大值 = 最小值 =				L_4 最大值 = 最小值 =					
	游标卡尺	I	L 最大值 = 最小值 =				L_4 最大值 = 最小值 =					
垂 直 度	角 尺	I										

3．训练安排

（1）用钢直尺、内卡钳、外卡钳和角尺分别对测量专用件进行测量。

（2）用游标卡尺和外径百分尺进行测量练习。

4．注意事项

（1）练习时，只检测专用件 I 的垂直度和平行度。其中，两大面的平行度（L_4 厚度）测量五点，两窄面的平行度（L 长度）测量三点。

（2）用钢直尺、卡钳测量时，毫米以下的小数进行估计。

（3）用游标卡尺、外径百分尺测量后，再对照检查钢直尺、卡钳的测量值，但不得更改其值。

第三节 水 平 仪

水平仪是机器制造和修理中最基本的检测工具之一,主要用于测量零、部件的直线度和零件间垂直度、平行度及设备的水平度等。常用的水平仪有条式水平仪、框式水平仪和合像水平仪等。

一、普通水平仪

1.普通水平仪的结构和工作原理

普通水平仪有条式水平仪和框式水平仪,其结构如图2-45所示,它们的主要区别在于主体的形状。条式水平仪的主体1是条形的,只有一个带有 V 形槽的工作面,只能检测被测面或线相对水平位置的角度偏差。而框式水平仪的主体7是框形结构,四个面都是工作面,两侧面垂直于底面,上面平行于底面。它的工作底面和侧工作面上的 V 形槽,不但能检测平面或直线相对水平位置的误差,还可以检测沿铅垂面或直线对水平位置的垂直度误差(见图2-46)。

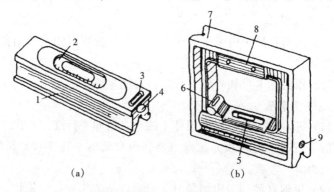

(a)   (b)

图 2-45　水平仪

(a) 条式水平仪;(b) 框式水平仪

1、7—主体;2、5—主水准器;3、6—横水准器;

4、9—零位调整装置;8—隔热装置

条式水平仪和框式水平仪主要是由主体1、7和主水准器2、5组成。主水准器2、5和横水准器3、6装在主体1、7上。主水准器精度高，供测量使用，而横水准器只供横向水平参考。零位调整装置4、9可调整水平仪的零位。水准器是一个内壁轴向呈弧状的封闭的玻璃管，内部装有乙醚或酒精等液体，但不装满，还留有一个气泡，无论水平

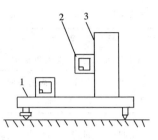

图 2-46 框式水平仪
测量垂直度
1—基面；2—框式水平仪；
3—被测量面

仪放在什么位置，这个气泡总停留在最高点。当工作底面处在水平位置时，气泡在玻璃管的中央位置。若工作底面相对水平有倾斜，玻璃管内的液体就会流向低处，而气泡将移向高处。水平仪是利用水准器内的液体作水平基准，从气泡的移动方向和移动位置读出被测表面相对水平位置的角度偏差，从而实现测量工件的直线度、平面度或垂直度等目的。

2. 普通水平仪的刻线原理

水平仪的读数值是以气泡偏移一格时，被测物表面所倾斜的角度 θ 来表示，或者以气泡偏移一格时，被测物表面在1m内倾斜的高度差 H 来表示（见图 2-47）。

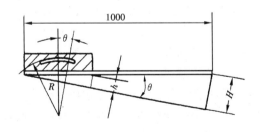

图 2-47 水平仪的刻线原理

水平仪的精度等级，见表 2-3。

表 2 - 3　　　　　　　水平仪的精度等级

精　度　等　级	1	2	3	4
气泡移动一格时的倾斜角度 θ	$4'' \sim 10''$	$12'' \sim 20''$	$24'' \sim 40''$	$50'' \sim 1'$
气泡移动一格时，1m 内的倾斜高度差 H（读数值）（mm）	$0.02 \sim 0.05$	$0.06 \sim 0.10$	$0.12 \sim 0.20$	$0.25 \sim 0.30$

例如：刻度分划值（即水准器格值）为 0.02mm/m 的水平仪。当气泡移动一格时，水平仪的底面倾斜角度 θ 是 $4''$，1m 内的高度差为 0.02mm（即 $H = 0.02$mm）。如果气泡移动两格就表示倾斜角 $8''$，1m 内的高度差为 0.04mm。

常用的方框水平仪的边长为 200mm，其接触长度仅为 0.20m，如果气泡移动一格，则 200mm 长度两端高度差 h 为 $0.02 \times 0.20 = 0.004$mm。

为了清晰起见，一般水准器的玻璃管表面刻线间距为 2mm，即气泡移动一格，就等于水平仪倾斜 $4''$。根据上述要求，水准器的曲率半径 R 为

$$2\pi R : 2 = 360 \times 60 \times 60 : 4$$

则　　　　　　　　　　　$R = 103$m

3. 普通水平仪气泡偏移格数的读法

普通水平仪气泡偏移格数的读法有两种：

（1）以气泡两头偏离刻线基准线的格数，计算出气泡的实际偏移量（格数），其计算方法如图 2 - 48（b）所示。

（2）先记住水平仪处于水平状态时气泡的位置，再看实际测量后气泡的格数，其读法如图 2 - 48（c）所示。

4. 普通水平仪的使用方法

在用水平仪测量物体平面的水平度或扬度时，为了消除水平仪自身的误差，应在第一次测量后，将水平仪原位调头 180°再测一次，取两次读数的平均值。

若用水平仪检测物体平面的平直度、平面度时，则不用调头。水平仪自身的误差对检测平直度与平面度不产生影响，但在

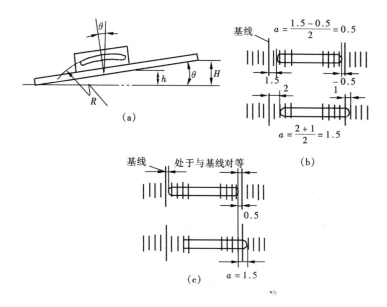

图 2-48　水平仪的格值及刻线的读法

测量的全过程，水平仪必须始终保持一个方向不变。

用水平仪测量物体水平度或扬度时，其格数的计算方法如下：

（1）测量时，两次气泡的偏移方向相同，而偏移的格数不同，说明被测面不水平，水平仪也有误差（水平仪误差小于被测面水平偏差）。

设 a_1 和 a_2 分别为两次测量气泡偏移格数，则被测面水平实际偏差格数为

$$a = \frac{a_1 + a_2}{2}$$

（2）测量时，两次气泡的偏移方向不同，偏移的格数也不同，说明被测面不水平，水平仪也有误差（水平仪误差大于被测面水平偏差）。

因气泡两次偏移的方向相反，故有正负之分。设偏移格数多的一次为正，以 a_1 标示，则 a_2 为负，故被测物水平实际偏移格

数为

$$a = \frac{a_1 + (-a_2)}{2} = \frac{a_1 - a_2}{2}$$

（3）被测物水平实际偏差量 H（mm）应为

$$H = a \times 水平仪格值 \times 被测物长度$$

若被测面水平偏差较大，水平仪的气泡偏移至刻线以外，无法读出气泡偏移格数，此时可在水平仪低的一端垫上适当厚度的塞尺（见图 2-49）。所加塞尺厚度与水平仪的格数有如下关系：如水平仪的边长为 200mm，格值为 0.02mm/m，则水平仪偏移一格，其两端的高度差为 0.004mm。设垫片厚度为 0.01mm，即水平仪两端高度差为 0.01mm，此值相当于气泡偏移了：

$$0.01/0.004 = 2.5 （格）$$

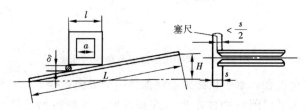

图 2-49　用塞尺（或块规）垫水平仪的方法

5.用水平仪测量设备直线度的方法

用水平仪测量设备的直线度误差时，先将被测面分成若干测段（每测段长应等于或略大于水平仪底面长，并要求每测段相等），再用水平仪依次由一段移至另一段来进行逐段测量，并记录其测值。然后将测段和测值分别用同一比例列入直角坐标系，连接各交点，形成一条曲线，该曲线就是被测设备的直线度误差。

现举用 200mm × 200mm、水准器格值为 0.02mm/m 的方框水平仪，测量长为 800mm 的导轨直线度的例子。将导轨等分四段（每段 200mm），自左至右逐段地进行测量，其值分别为 +1.5 格、+1 格、-0.5 格、-1 格。然后将各值按同一比例列入直

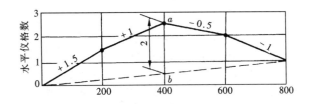

图 2 - 50　导轨直线度坐标

角坐标系中（见图 2 - 50），连接各点并作首点与尾点连线。从曲线图中可看出，此导轨中间部位凸出，最高点位于 400mm 处的 a 点，其凸出最大值为 $\overline{ab}$，按同一比例测出 $\overline{ab}$ 为两格。根据已知条件，两格的格值为

$$0.02 \times \frac{200}{1000} \times 2 = 0.008\text{mm}$$

即该导轨的直线度误差为 0.008mm。

用上述方法，将设备平面作若干条等距平行的直线度曲线，并把所得曲线绘制在一张图上，即可分析出该设备平面的平面度。

二、光学合像水平仪

光学合像水平仪已被广泛应用于精密机械制造、调试、安装工作中。光学合像水平仪通过用比较法和绝对测量法来检验零件表面的直线度和设备安装位置的准确度，同时还可以测量零件的微小倾角。

光学合像水平仪的外形和结构原理如图 2 - 51 所示。

光学合像水平仪的水准器 8 安装在一组杠杆平板上，水准器的水平位置可以用旋钮 1 通过丝杆 2 和杠杆机构 5 进行调整。丝杆螺距为 1mm，旋钮的刻度盘等分 100 格，故每格为 0.01mm，即该水平仪的刻度分划值为 0.01mm。

水准器玻璃管的气泡两端圆弧分别用三个不同方位的棱镜反射至上窗口的凸透镜上，分成两半合像。当水准器不在水平位置时，凸透镜两半合像 A、B 就不重合；处于水平位置时，凸透镜两半合像 A、B 就合成一整半圆。

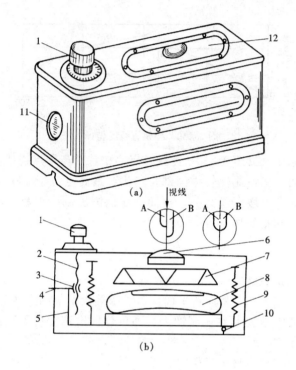

图 2-51　光学合像水平仪

（a）外形；（b）结构原理

1—旋钮（等分 100 格，每格 0.01mm）；2—微调丝杆（螺距
1mm）；3—螺母；4—指针（滑块式）；5—杠杆机构；6—凸
透镜；7—三棱镜组合；8—水准器；9—弹簧；10—杠杆支
承；11—侧窗口；12—上窗口

　　该水平仪的特点即水准器可以调整。如水平仪的底面（水平
仪基面）处于不水平位置时，可调整水准器，使其处于水平状
态。水准器与水平仪底面的夹角就是被测面的倾角（或高差）。

　　使用合像水平仪时，通常是将水平仪的铭牌正对视线，微调
旋钮位于右手侧（这点对初学者尤为重要）。其具体使用方法如
图 2-52 所示。

　　图（a）为将水平仪自身调整到水平状态（即水准器与水平

仪底面平行）：旋转旋钮将"水平仪零位线"对准侧窗口的"5"；旋钮上"0"的位数对准起点线。然后从上窗口观察水准气泡偏左还是偏右。偏左则左高；偏右则右高（水平仪上窗口"＋"、"－"号的作用，是指示旋钮 1 应该旋转的方向。若水准器左低而左侧是"＋"，则旋钮按"＋"方向旋转；反之，旋钮按"－"方向旋转）。图（b）为气泡位置"左低右高"的调整：将旋钮按

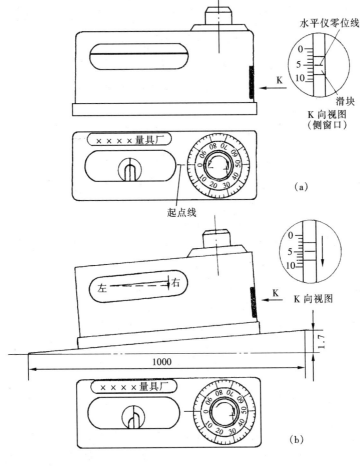

图 2－52　合像水平仪的使用方法（一）

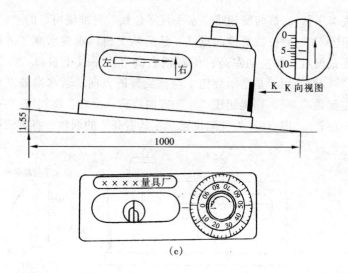

图 2 – 52　合像水平仪的使用方法（二）

"＋"方向旋转，此时侧窗口的零位线向下移动，当正上方的凸透镜内两半合像成一个整半圆时，即停止微调。例如：若零位线下移至 6~7 格之间，微调的起点线对旋钮刻度盘上"70"处，即读数为 6.70，则左端应垫高 6.70 – 5 = 1.70mm（或右端下降1.70mm）。图（c）为气泡位置"左高右低"的调整：将旋钮按"–"方向旋转，此时侧窗口的零位线向上移动，当凸透镜内的两半合像成一个整半圆时，即停止微调。例如：若零位线上移至3 ~ 4 格之间，起点线对旋钮刻度盘上"45"处，即读为 3.45，则左端应下降 5 – 3.45 = 1.55mm（或右端垫高 1.55mm）。

三、使用水平仪的注意事项

（1）使用前应将水平仪底面和被测面用布擦干净，被测面不允许有锈蚀、油垢、伤痕等，必要时可用细砂布将被测面轻轻砂光。

（2）把水平仪轻轻地放在被测面上。若要移动水平仪时，则只能拿起再放下，不许拖动，也不要在原位转动水平仪，以免磨伤水平仪底面。

（3）观看水平仪的格值时，视线要垂直于水平仪上平面。第一次读数后，将水平仪在原位（用铅笔划上端线）掉转180°再读一次，其水平情况取两次读数的平均值，这样即可消除水平仪自身的误差。若在平尺上测量机体水平，则需将平尺和水平仪分别在原位调头测量，共读四次，四次读数的平均值即为机体水平情况。

（4）用完后，将水平仪底面抹油脂进行防锈保养。

🔑 复习题

一、判断题

1. 机械工程图纸上，常用的长度米制单位是毫米。　（　　）

2. 当游标卡尺两量爪贴合时，尺身和游标的零线要对齐。
　（　　）

3. 游标卡尺尺身和游标上的刻线间距都是1mm。　（　　）

4. 精度为0.02的游标卡尺，副尺每格为0.95mm。　（　　）

5. 游标卡尺是一种常用量具，能测量各种不同的精度要求的工件。　（　　）

6. 0~25mm百分尺使用前应用校验棒进行校对。　（　　）

7. 百分尺活动套筒转一周，测微螺杆就移动1mm。　（　　）

8. 塞尺也是一种界限量规。　（　　）

9. 百分尺上的棘轮，其作用是限制测量力的大小。　（　　）

10. 水平仪主要用于测量零、部件的直线度和零件间垂直度、平行度的误差。　（　　）

二、选择题

1. 经过划线确定加工时的最后尺寸，在加工过程中，通过（　　）来保证尺寸的准确性。

（1）测量；（2）划线；（3）加工。

2. 不是整数的毫米数，其小于1的数，应用（　　）来表示。

（1）分数；（2）小数；（3）分数或小数。

3．1/50mm 游标卡尺，副尺上的 50 格与主尺上的（　　）mm 对齐。

（1）49；（2）39；（3）19。

4．百分尺的制造精度分为 0 级和 1 级两种，0 级精度（　　）。

（1）稍差；（2）最高；（3）一般。

5．内径百分尺的刻线方向与外径百分尺的刻线方向（　　）。

（1）相同；（2）相反；（3）相同或相反。

6．百分表测量平面时，触头应与平面（　　）。

（1）倾斜；（2）垂直；（3）水平。

7．用万能游标量角器，如果测量角度大于 90°且小于 180°读数时，应加上一个（　　）。

（1）直尺；（2）角尺；（3）直尺或角尺。

8．发现精密量具有不正常现象时，应（　　）。

（1）进行报废；（2）及时送交计量检修；（3）继续使用。

三、问答题

1．何谓量具？何谓测量？

2．简述 0.02mm 精度游标卡尺刻线原理及读数方法。

3．简述百分尺的刻线原理和读数方法。

4．简述百分表的使用要求及注意事项。

5．简述水平仪的作用及种类。

6．简述用水平仪测量设备直线度的方法。

7．简述水平仪使用注意事项。

第三章

划　　线

根据图样或实物的尺寸，在工件表面上准确地划出加工界线的操作称为划线。划线分平面划线和立体划线，见图 3 - 1。只需在工件的一个表面上划线的操作叫平面划线；同时在工件的几个不同方向的表面上划线的操作叫立体划线。

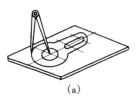

(a)

划线的作用有如下几点：

（1）确定加工位置、加工余量，使加工有明确的标志，以便指导加工。

（2）发现和淘汰不符合图样要求的毛坯件。

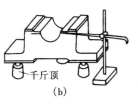

千斤顶

(b)

（3）通过"借料"方法，补救有某些缺陷的毛坯工件。

（4）在板料上合理排料，充分利用材料。

图 3 - 1　划线

(a) 平面划线；(b) 立体划线

第一节　平面划线

一、常用的划线工具及其使用方法

常用的划线工具及其使用方法见表 3 - 1。

二、划线前的准备工作

1. 工、量具的准备

根据划线图样的要求，合理选择所需要的工量具，并认真检查有无缺陷。

2. 工件的清理

清除铸、锻件上的泥沙、浇冒口、飞边、毛刺、氧化皮和半成品件上的污垢、浮锈等。

表 3-1 　划线工具及其使用方法

工具名称及用途	使 用 方 法

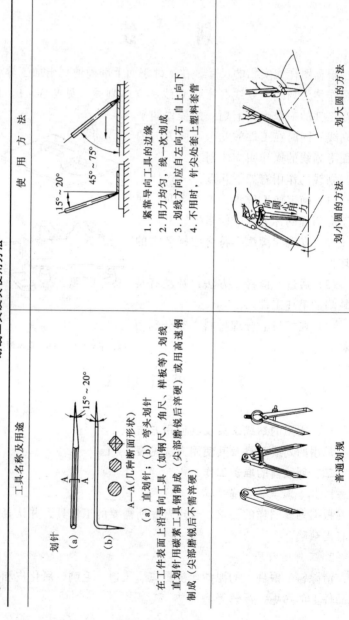

划针

(a)

(b)

A—A（几和断面形状）

（a）直划针；（b）弯头划针

在工件表面上沿导向工具（如钢尺、角尺、样板等）划线
直划针用碳素工具钢制成（尖部磨锐后淬硬）或用高速钢
制成（尖部磨锐后不需淬硬）

15°～20°

$15°～20°$

$45°～75°$

1. 紧靠导向工具的边缘
2. 用力均匀，线一次划成
3. 划线方向应自左向右、自上向下
4. 不用时，针尖处应套上塑料套管

普通划规

划小圆的方法　　　　划大圆的方法

50

工具名称及用途	使用方法
划规 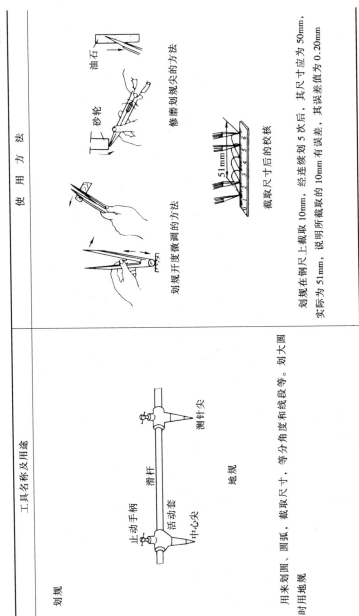 地规 止动手柄　活动套　中心尖　滑杆　测针尖 用来划圆、圆弧、截取尺寸、等分角度和线段等。划大圆时用地规。	划规开度微调的方法　　修磨划规尖的方法 砂轮　　油石 载取尺寸后的校核 51mm 1 2 3 4 5 6 划规在钢尺上截取10mm，经连续划5次后，其尺寸应为50mm，实际为51mm，说明所截取的10mm有误差，其误差值为0.20mm

51

工具名称及用途	使用方法
划线盘 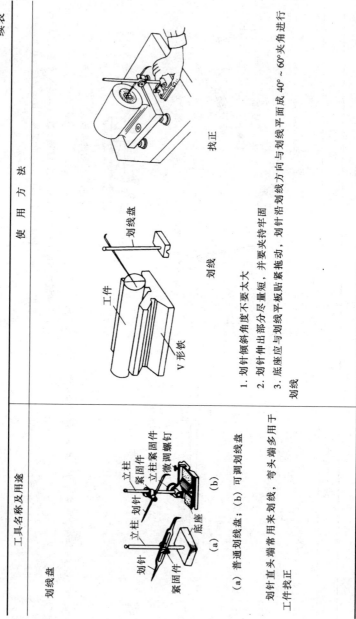 立柱 划针 紧固件 (a) 立柱 立柱 紧固件 微调螺钉 底座 (b) (a) 普通划线盘；(b) 可调划线盘 划针直头端常用来划线，弯头端多用于工件找正	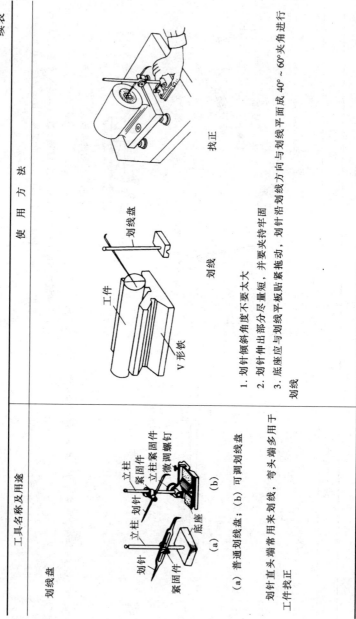 划线盘 工件 V形铁 划线 找正 1. 划针倾斜角度不要太大 2. 划针伸出部分尽量短，并要夹持牢固 3. 底座应与划线平板贴紧拖动，划针沿划线方向与划线平面成 40°～60° 夹角进行划线

工具名称及用途	使 用 方 法
高度尺 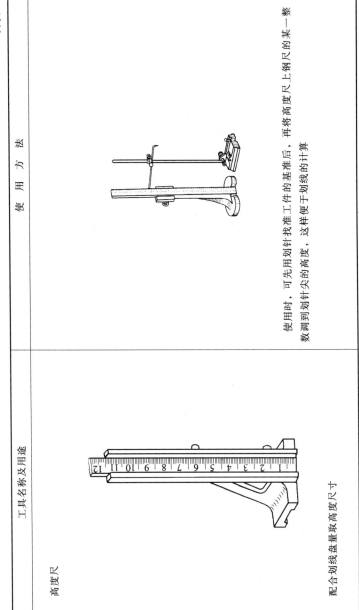 配合划线盘量取高度尺寸	使用时，可先用划针找准工件的基准后，再将高度尺上钢尺的某一整数调到划针尖的高度，这样便于划线的计算

工具名称及用途	使用方法
样冲 冲尾　冲身　冲尖　α 在所划加工界线上和圆、圆弧的中心上冲眼，其目的一是加强划线标记；二是便于划圆、圆弧；三是钻孔时易定中心。用工具钢制成后淬硬，或用高速钢锻后刃磨成形	 前倾转动对准　30°　　垂直轻击 1. 用于加强划线标记时，冲尖磨成45°~60°；用于钻孔定中心时，磨成60°~90° 2. 锤击样冲时，样冲与工件表面须垂直 3. 冲眼位置不正确时，须修正

54

3．工件的涂色

为了使划出的线条清晰，在工件的划线部位涂上一层薄而均匀的涂料。常用划线涂料及应用场合见表 3－2。

表 3－2　　　　　　　　划线涂料及应用场合

名　称	配　制　方　法	应　用　场　合
粉　笔	外购	用于工件小、数量少的铸锻毛坯件
白灰水	白灰、乳胶和水调成稀糊状	用于铸、锻毛坯件
硫酸铜溶液	硫酸铜和水并加少量硫酸溶液	用于精加工工件
品　紫	将紫颜料（青莲、普鲁士蓝）2%～4%、漆片 3%～5% 加入酒精中（93%）	用于已加工工件

三、划线基准的选择

1．划线基准

在划线时，预先选定工件上某个点、线、面为划线出发点（或依据）。选定的点、线、面就是划线基准（见图 3－2）。

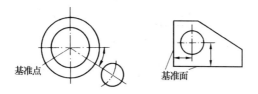

基准点　　　　　　　　基准面

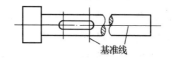

基准线

图 3－2　划线基准

正确地选择和确定划线基准，能使划线方便、准确、迅速。

2. 选择划线基准的原则和类型

划线基准要根据工件的具体情况，遵循下列原则选择：

(1) 使划线基准与设计基准❶一致（一般可根据图样尺寸标注情况确定设计基准）。

(2) 根据工件形状和工件加工情况确定。例如，选择已加工且加工精度最高的边和面，选择较长的边或较大的面，选择对称工件的对称轴线等为划线基准。

平面划线基准选择类型实例：

(1) 以两条互相垂直的边线❷为基准（见图 3-3）。从工件上互相垂直的两个方向的尺寸标注情况可以看出，每一个方向的许多尺寸都是依据互相垂直的边线来确定的。因此，这两条边线就是每一个方向的划线基准。

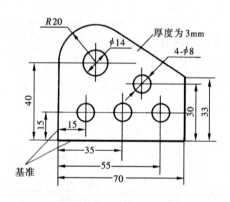

图 3-3 以两条互相垂直的边线为基准

(2) 以两条中心线为基准（见图 3-4）。该工件上的尺寸与两条中心线对称，并且其他尺寸也是以中心线为依据确定的。因此，这两条中心线是该工件的划线基准。

(3) 以一条边线和一条中心线为基准（见图 3-5）。该工件

---

❶ 设计图样上所用的基准称为设计基准。

❷ 在平面上的线也可能是面的投影所形成的线。

高度方向的尺寸是以底线为依据的，而宽度方向的尺寸与中心线对称。所以，底线与中心线是该工件的划线基准。

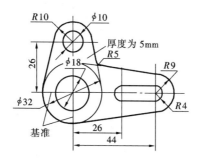

图 3 - 4　以两条中心线为基准

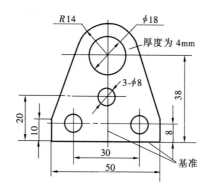

图 3 - 5　以一条边线和一条中心线为基准

3．平面划线时基准的选定

在平面划线时，一般只要选择两个划线基准，即确定两条互相垂直的线为基准线，就可以将平面上其他点、线的位置确定下来。

四、基本线条和图形的划法

基本线条和图形的划法见表 3 - 3。

表 3 – 3　　基本线条和图形的划法

名称	图　示	划　　法
平行线		1. 用钢直尺划平行线见图（a） 先划已知直线 AB，然后用钢直尺直接量取平行线间距，找出 C、D 两点，直线 CD // 直线 AB 2. 用划规划平行线见图（b） 取已知直线上任意两点 a、b 为圆心，用一半径 R 划短弧后，再用钢直尺作两弧的公切线，所划直线与已知直线平行 3. 用角尺划平行线见图（c） 用角尺沿已加工的侧面推移，可划出相互平行的线 4. 用划线盘（或游标高度尺）划平行线见图（d） 将划线盘的划针调到需要的高度，在平板上进行划线，所划各线与平板相互平行

名称	图 示	划 法
垂直线	 (a) (b) 翻转方向 工件 划出的水平线 划线平板 划出的垂直线 工件 划线平板 (c)	1. 几何划法（垂直平分线）见图（a） 分别以线段两端点 a、b 为圆心，适当长度为半径划弧，交于 c、d 两点，连接 c、d，则 cd 垂于 ab，且等分 ab 线段 2. 用样板角尺划直线见图（b） 将角尺的一边与已划直线重合，沿角尺的另一边划线，所划直线与已知直线垂直 3. 用方箱划垂直线见图（c） 将工件夹持在方箱上，用划线盘校准已知直线，将方箱翻转90°，所划线条与已知直线垂直

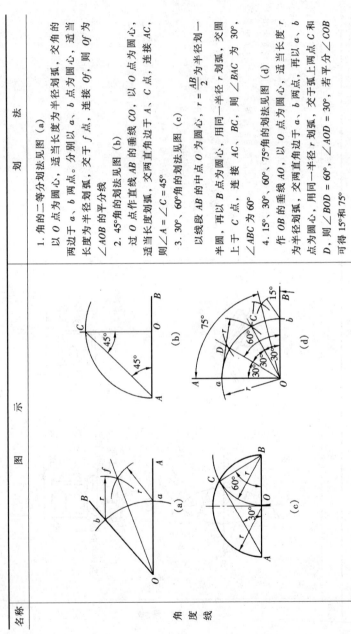

名称	图示	划法
角度线	（a）（b）（c）（d）	1. 角的二等分划法见图（a） 以 O 点为圆心，适当长度为半径划弧，交角的两边于 a、b 两点。分别以 a、b 点为圆心，适当长度为半径划弧，交于 f 点，连接 Of 点，则 Of 为 ∠AOB 的平分线 2. 45°角的划法见图（b） 过 O 点作直线 AB 的垂线 CO，以 O 点为圆心，适当长度划弧，交两直角边于 A、C 点，连接 AC，则 ∠A＝∠C＝45° 3. 30°、60°角的划法见图（c） 以线段 AB 的中点 O 为圆心，$r = \dfrac{AB}{2}$ 为半径划一半圆，再以 B 点为圆心，用同一半径 r 划弧，交圆上于 C 点，连接 AC、BC，则 ∠BAC 为 30°，∠ABC 为 60° 4. 15°、30°、60°、75°角的划法见图（d） 作 OB 的垂线 AO，以 O 点为圆心，适当长度 r 为半径划弧，交两直角边于 a、b 两点，再以 a 点、b 点为圆心，用同一半径 r 划弧，交于弧上两点 C 和 D，则 ∠AOD = 30°，∠BOD = 60°，若平分 ∠COB 可得 15°和 75°

名称	图 示	划 法
圆的等分线	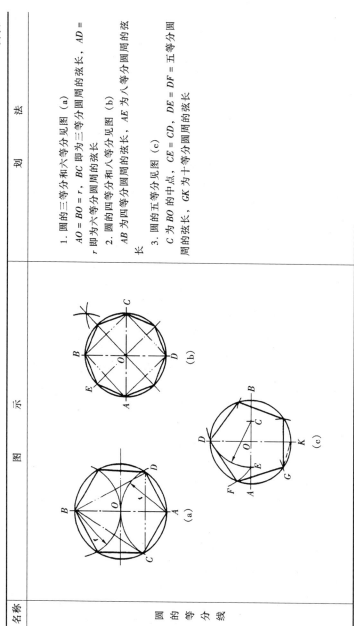	1. 圆的三等分和六等分见图（a） $AO = BO = r$，BC 即为三等分圆周的弦长，$AD = r$ 即为六等分圆周的弦长 2. 圆的四等分和八等分见图（b） AB 为四等分圆周的弦长，AE 为八等分圆周的弦长 3. 圆的五等分见图（c） C 为 BO 的中点，$CE = CD$，$DE = DF =$ 五等分圆周的弦长，GK 为十等分圆周的弦长

名称	图示	划法
相切圆弧线	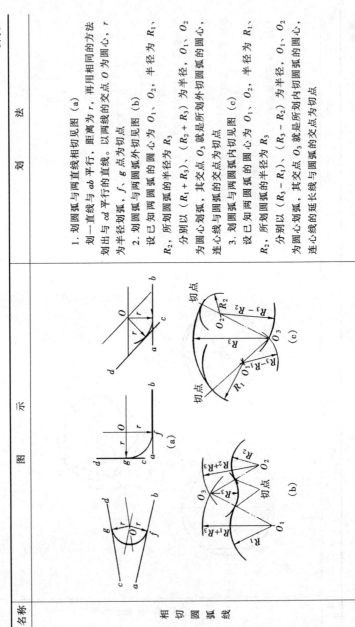	1. 划圆弧与两直线相切见图 (a) 划一直线与两直线 ab 平行，距离为 r，再用相同的方法划出与直线 cd 平行的直线，f、g 为半径划弧。以两线的交点 O 为圆心，r 为半径划弧，f、g 点为切点 2. 划圆弧与两圆弧外切见图 (b) 设已知两圆弧的圆心为 O_1、O_2，半径为 R_1、R_2，所划圆弧的半径为 R_3 分别以 (R_1+R_3)、(R_2+R_3) 为半径，为圆心划弧，其交点 O_3 就是所划圆弧外切圆心，连心线与圆弧的交点为切点 3. 划圆弧与两圆弧内切见图 (c) 设已知两圆弧的圆心为 O_1、O_2，半径为 R_1、R_2，所划圆弧的半径为 R_3 分别以 (R_3-R_1)、(R_3-R_2) 为半径，为圆心划弧，其交点 O_3 就是所划圆内切圆弧的圆心，连心线的延长线与圆弧的交点为切点

续表

名称	图示	划法
椭　圆	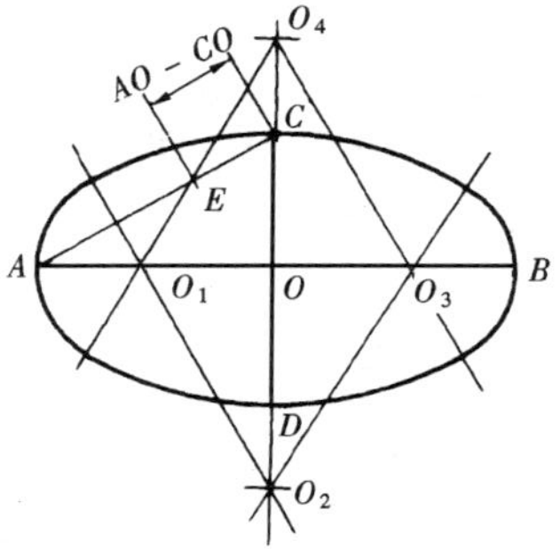	四心法划椭圆 1. AB（长轴）垂直于 CD（短轴），$CE = AO - CO$ 2. 划 AE 的垂直平分线，分别与长轴、短轴（或短轴的延长线）交于 O_1 和 O_2 两点 3. 找出 O_1 和 O_2 的对称点 O_3、O_4 4. 以 O_1、O_2、O_3、O_4 为圆心，O_1A（或 O_3B）和 O_2C（或 O_4D）为半径，分别划出四段圆弧

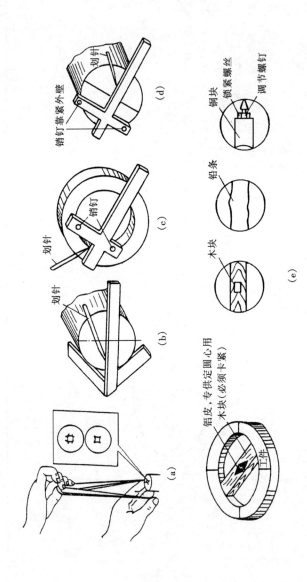

图 3-6　找圆形工件圆心的方法

(a) 用划卡找中心；(b) 用定心角尺划中心线；(c) 用定心十字尺划中心线（靠内圆壁）；
(d) 用定心十字尺划中心线（靠外圆壁）；(e) 用填充法找中心

五、找圆形工件圆心的方法

在各种圆形工件的圆面上划圆或等分圆周时，必须先找出圆心，其方法见图3-6。

六、平面划线的步骤

（1）作好划线前的准备工作；

（2）看懂图样，查明划哪些线及各部尺寸和要求；

（3）确定划线基准并划出基准线；

（4）划其他水平线、垂直线、斜线；

（5）划圆及圆弧；

（6）检查划线尺寸及是否有错划、漏划的线条，确认无误后打上样冲眼。

七、冲眼要求

（1）冲眼位置准确，不可偏斜。

（2）大小适度。薄板和已加工表面上的冲眼应小些、浅些，粗糙工件表面及钻孔中心眼应大些、深些。

（3）间距均匀适当。在直线上冲眼时间距可大些（一般在十

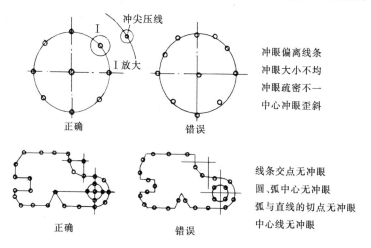

图3-7 冲眼的要求

字中心线、线条交叉点和折角处均应冲眼）；在曲线上冲眼时，间距应小些。

在图 3 - 7 中分别示出了两类正确及错误的冲眼方法。

八、平面划线中常出现的问题及原因

平面划线中常出现的问题及原因见表 3 - 4。

表 3 - 4　　　　　　　平面划线中常出现的问题及原因

主　要　问　题	主　要　原　因
1. 尺寸不准确或漏划线条	1. 未看懂图样或划线时粗心，划线后未复查
2. 划线不清晰（粗细不匀，线条重叠等）	2. 划针不尖，用力不当，工具位移或不必要的重复划线
3. 圆弧连接不圆滑	3. 中心不对，划规发生位移
4. 样冲眼歪斜，疏密、大小不当等	4. 样冲尖未对准线条，锤击时力量不均，方向不垂直，样冲眼布局不合理

操作训练 3　　平面划线练习

1. 训练要求

（1）正确使用划线工具；

（2）正确选定划线基准；

（3）认真分析图样，所划图形正确，分布合理，线条清晰，圆弧连接圆滑，划线误差不大于 0.3mm；

（4）样冲眼准确，疏密均匀、适当，排列整齐。

2. 工具、量具及辅具

划针、划规、钢直尺、样冲、手锤、白粉笔等。

3. 备料

300mm × 200mm 铁板（厚度为 2mm 或 3mm）。

4. 工作图

平面划线练习图如图 3 - 8 和图 3 - 9 所示。

5．训练安排

（1）准备划线工具；

（2）在工件上涂色；

（3）划线（图 3 - 8 为必划图，图 3 - 9 为选划图）；

（4）复查各图尺寸，无误后打上样冲眼。

6．注意事项

训练前，可在纸上对所划图样进行一次练习。

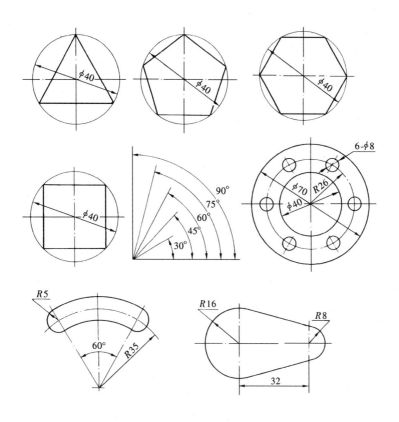

图 3 - 8　平面划线练习图（一）

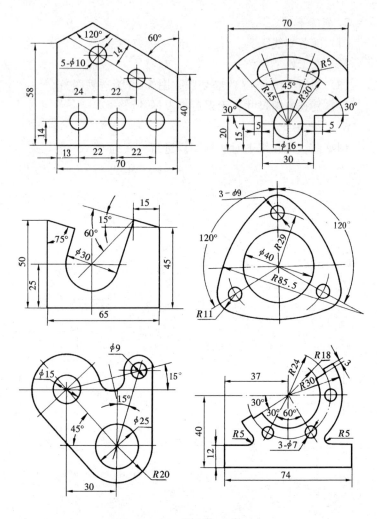

图 3－9　平面划线练习图（二）

第二节　立 体 划 线

立体划线的划线过程比平面划线复杂，前面讲述的平面划线知识和技能仍适用于立体划线。

一、立体划线工具

常用的立体划线工具包括平面划线工具和划线基准、支承工具，见表3-5。

表3-5　　　　　　　　　划线基准工具及支承工具

名称	用途、使用要点	图　示
划线平板（平台）	划线平板的工作面是划线操作的基准面，用来安放工件和划线工具（如划线盘、高度尺、V形铁等） 1. 较大规格的划线平板，应安放在牢固的架子上，其工作面距地平面800mm左右，水平误差在0.1/1000以下 2. 工作面应保持清洁，严防碰撞 3. 使用较大规格的划线平板时，不能经常在某一局部位置上划线，以免造成局部磨损严重 4. 用后擦拭干净，涂上机油或黄油等	 用铸铁制成，时效处理后，经过精刨、刮削等精加工，规格以平板的长、宽尺寸表示，如400mm×600mm
V形铁（V形架）	V形铁主要用来支承、安放轴类工件，配合划线盘或游标高度尺，划线或找中心等 1. 直径相同的较长的轴类工件应选用一组（两块）等高且形状相同的V形铁 2. 带U形夹头的V形铁，可翻转三个方向划出相互垂直的线	 用铸铁或中碳钢制成后，经精刨、刮削或磨削等加工，V形槽一般制成90°或120°

名称	用途、使用要点	图　示
方箱	用来支承或夹持划线工件的工具，可以在平板上翻转划出三个方向互相垂直的线条，使用方便、准确、迅速 　1. 工件夹持在方箱上要牢固、平稳 　2. 翻转时，要轻起、轻放，以免碰伤方箱或平板 　3. 划斜线时，可将角度板垫在方箱下面或将V形铁夹持在方箱上	手柄 丝杠 横臂 压头 该装置专供压固工件用，以防工件在划线时移动 止头螺钉 方箱（铸铁） 用铸铁制成，工作面经精刨、刮削等精加工，相邻平面垂直，相对平面平行
直角板（角铁）	用来夹持划线工件的工具，常与压板、C形夹头配合使用 　1. 工件应夹持牢固 　2. 夹持较重、较大工件时，应将直角板固定在工作台上	C形夹头 工件 直角板　　压板 用铸铁制成，工作面经精刨、刮削等精加工，工作面垂直
千斤顶	用来支承毛坯或形状不规则的工件划线 　1. 使用时三个为一组，品字形排列 　2. 支承点的距离尽可能远些 　3. 支承工件平稳后方可划线 　4. 调整高度时应用小铁棒插入顶尖小孔内进行，切忌用手转动	螺杆 螺母 锁紧螺母 螺钉 底座 螺杆一般用中碳钢制成，顶端应局部淬火硬化

二、划线时的找正和借料

在铸、锻加工过程中，由于种种原因造成一些铸、锻毛坯工件歪斜、偏心或厚度不均匀等缺陷，若偏差不大时，可通过找正和借料来补救。

1.找正

找正就是利用划线工具如角尺、划线盘和划卡等检验或校正工件上有关的表面，使所划线条与有关表面对中、平行或垂直，以合理分配加工余量，如图 3－10 所示。

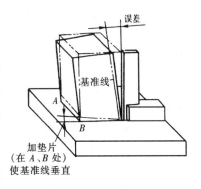

图 3－10　找正

2.借料

借料就是通过试划和调整，使各加工表面的加工余量合理分配，互相借用，补救毛坯缺陷的划线方法，其目的是挽救按常规划线可能报废的毛坯，如图 3－11 所示。因此，通过借料划线后的加工余量不均匀，但应反映到次要部位。

通常，划线的找正与借料是结合进行的。

若以边为准则孔加工不圆

若以孔的中心为基准则底面无加工余量

孔与四边统一考虑

图 3－11　借料

三、立体划线时基准的选择

在立体划线过程中，一般要在工件的长、宽、高三个方向上进行划线。因此，划线时要选择三个基准，即工件的长、宽、高

71

三个位置中的三个互相垂直的平面（或中心面）为划线基准。

四、立体划线的步骤和方法

1．立体划线步骤

（1）做好划线前的准备工作；

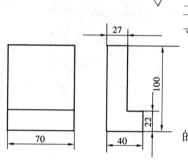

（2）根据工件图样和加工工艺，找出应划线的尺寸及尺寸间的相互关系，见图3－12；

（3）确定划线基准；

（4）划线。

2．立体划线方法

实例（一）　长方体工件的划线

（1）在第一安放位置上划线（见图3－13）：

图3－12　实例（一）工件图

1）将长方体的大平面平稳地安放在平板上（在第一安放位置上划线时，应将工件的最大平面或已加工表面安放在平板上）；

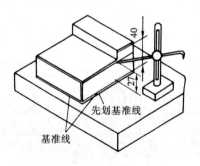

图3－13　在第一安放位置上划线（步骤一）

2）划出基准线；

3）根据图样厚度尺寸要求，以基准线为依据分别划出27mm与40mm加工线。

（2）在第二安放位置上划线（见图 3 - 14）：

1）将工件按图 3 - 14 所示安放平稳，以第一位置划出的基准线为依据，利用角尺找正第二条线位置；

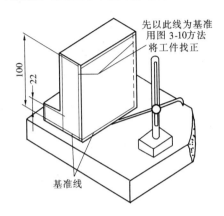

图 3 - 14　在第二安放
位置上划线（步骤二）

2）划出第二基准线；

3）根据图样尺寸要求，以第二划线基准为依据分别划出 22、100mm 加工线。

（3）在第三安放位置上划线（见图 3 - 15）：

1）将工件按图 3 - 15 所示安放平稳，以前两次划出的基准线为依据，仍用角尺找正第三基准线；

2）划出第三基准线；

3）根据图样尺寸要求，以第三基准为依据划出 70mm 加工线。

（4）复查全部划线尺寸，无误后按要求打上样冲眼。

实例（二）　圆柱体工件的划线

划线前的准备工作与实例（一）相同，工件图见图 3 - 16。

（1）按图3 - 6（a）找圆心的方法，找出 ⌀40 圆钢两端面的中心，并打上中心样冲眼。再用划规复查该中心是否是圆面中心，

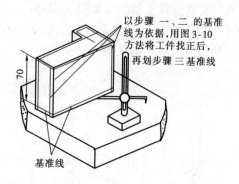

以步骤 一、二 的基准线为依据,用图3-10方法将工件找正后,再划步骤 三 基准线

70

基准线

图 3 – 15　在第三安放位置上划线（步骤三）

若中心眼有误差，应将中心眼修正，直至符合要求，见图 3 – 17。

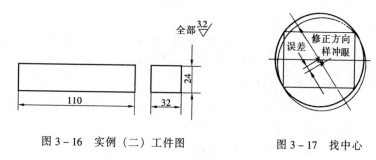

全部 $\sqrt{3.2}$

110

32

24

误差　修正方向　样冲眼

图 3 – 16　实例（二）工件图　　　　图 3 – 17　找中心

（2）在第一安放位置上划线（见图 3 – 18）。

1）将圆钢放在 V 形铁的 V 形槽内；

2）用划线盘检查两端面的中心眼是否在同一平面上，若不在同一平面上，则在较低的一端用垫片垫在 V 形槽斜面上调整，直至符合要求；

3）根据圆钢端面中心，划出第一条划线基准水平中心线；

4）以第一划线基准为依据，划出 24mm 加工线。

（3）在第二安放位置上划线（见图 3 – 19）。

1）将工件旋转 90°，使第一划线基准处于垂直平板位置，并用角尺找正；

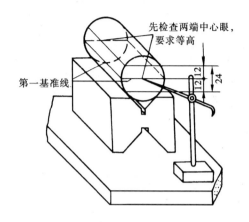

图 3 - 18　在第一安放位置上划线

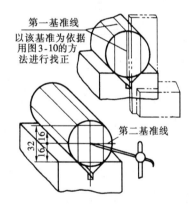

图 3 - 19　在第二安放位置上划线

2）用划线盘检查两端面中心样冲眼；

3）根据圆钢端面中心，划出第二划线基准线；

4）以第二划线基准为依据，划出 32mm 加工线。

（4）复查全部划线尺寸，无误后按要求打上样冲眼。

实例（三）　轴承座的划线

轴承座的划线实例见表 3 - 6。

表 3-6   轴承座划线实例

划线步骤	工 作 图	划 线 要 点	工件及工量具	图 示
1. 分析图样，明确划线部位、各部尺寸和要求 2. 用木块填充内孔，定中心	其余 √	加工部位有轴承座底面、φ40 孔及孔的两端面、螺丝孔、顶孔及其端面，根据毛坯内孔和外圆用两木块填充 φ40 毛坯孔后，划卡定出中心	轴承座毛坯件、平板、划线盘、角尺、游标高度尺、千斤顶、钢直尺、划卡、圆规、手锤、样冲等	

76

划线步骤	划线要点	图示
3. 选定划线基准	划线的基准确定为轴承座 $\phi 40$ 孔的两个中心平面 I – I 和 II – II，以及顶部 $\phi 25$ 凸台中心 III – III	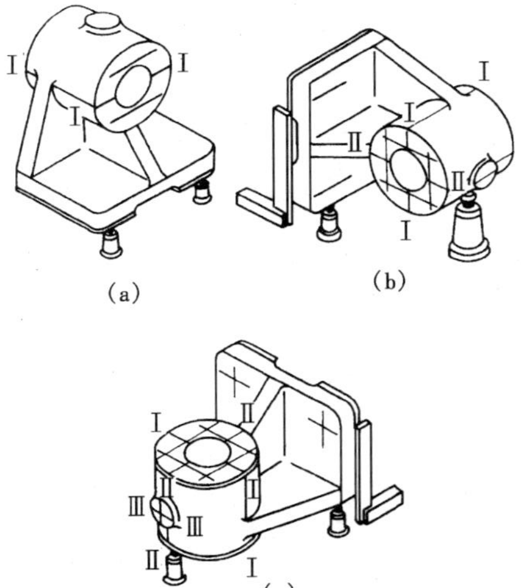
4. 在划线部位上涂色		
5. 图 (a) 为在第一安放位置上找正、划线	1. 用三只千斤顶支承轴承座底面，调整千斤顶，并用划针盘找正 2. 划基准线 I – I 后，以 I – I 线为基准划底面加工线，顶部 $\phi 15$ 孔端面加工线和 $\phi 40$ 孔上、下切线	
6. 图 (b) 为在第二安放位置上找正、划线	1. 将工件调转 $90°$，用三只千斤顶顶支承，调整千斤顶，并用角尺找正 2. 划基准线 II – II 后，以 II – II 线为基准划出轴承座宽度方向的所有线条	
7. 图 (c) 为在第三安放位置上找正、划线	1. 将工件再调转 $90°$，用千斤顶支承，调整千斤顶，并用角尺找正 2. 划基准线 III – III 后，以 III – III 为基准划出顶孔中心线、螺丝孔中心线及 $\phi 40$ 孔两端面加工线	
8. 检查后冲眼	检查有无漏划、错划线条，确认无误后打上样冲眼	

操作训练4 简单形体的立体划线

1．训练要求

（1）工件清理工作认真负责，正确使用涂料；

（2）工件安放平稳，找正方法正确；

（3）划线尺寸误差不大于0.3mm，同一平面内线条不能有错位现象，线条清晰；

（4）冲眼准确、整齐。

2．工具、量具及辅具

划针、划规、钢直尺、划线盘、高度尺、划线平板、V形铁、手锤、样冲等。

3．备料

90mm×90mm×32mm（HT150）、ϕ40×110mm（45钢）。

4．工作图

立体划线的工作图如图3－20和图3－21所示。

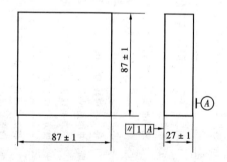

图3－20 方铁划线

5．训练安排

（1）根据图3－20的要求，参阅立体划线实例（一）进行划线；

（2）根据图3－21的要求，参阅立体划线实例（二）进行划

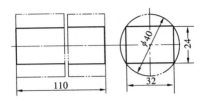

图 3 – 21　圆钢划线

线。

操作训练 5　较复杂工件的立体划线

1．训练要求

（1）三个位置垂直度找正误差为 ± 0.3；

（2）三个位置尺寸基准误差小于 0.5；

（3）划线尺寸误差不大于 0.3；

（4）划线清晰，冲眼准确、整齐。

2．工具、量具及辅具

工具、量具及辅具与操作训练 4 相同。

3．备料

拐臂毛坯（HT150）。

4．工作图

拐臂划线工作图如图 3 – 22 所示。

5．训练安排

（1）清理工件后，在划线部位上涂色；

（2）分析图样，检查毛坯尺寸；

（3）划线；

（4）复查各部尺寸，检查有无错划或漏划线条，确认无误后打上样冲眼。

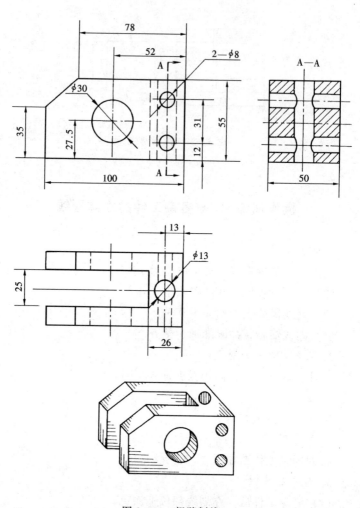

图 3 - 22　拐臂划线

 复习题

一、判断题

1.简单形状的划线称为平面划线，复杂形状的划线称为立

体划线。   (   )

2．划线时，都应从划线基准开始。   (   )

3．为了保证加工界线清晰，便于质量检查，在所划出的线上都应打上密而均匀、大而准确的样冲眼。   (   )

4．划高度方向的所有线条，划线基准是水平线或水平中心线。   (   )

5．V形铁主要用来支撑、安放形状复杂的工件。   (   )

6．使用千斤顶支承划线工件时，一般三个一组。   (   )

7．大型工件划线时，如果没有长的钢直尺，可用拉线代替，没有大的直角尺可用线坠代替。   (   )

8．零件毛坯存在误差缺陷时，都可以通过划线时借料予以补救。   (   )

9．锻铸毛坯件划线前都要做好找正工作。   (   )

二、选择题

1．一般划线精度能达到（   ）。

（1）0.05～0.10mm；（2）0.25～0.50mm；（3）0.25mm左右。

2．经过划线确定加工时的最后尺寸，在加工过程，通过（   ）来保证尺寸的准确性。

（1）测量；（2）划线；（3）加工。

3．在零件图上用来确定其他点、线、面位置的基准称为（   ）。

（1）设计基准；（2）划线基准；（3）定位基准。

4．划针的尖角应磨成（   ）。

（1）30°以上；（2）15°～20°；（3）50°左右。

5．在已加工的表面上涂料选择（   ）。

（1）粉笔；（2）白灰水；（3）紫色。

6．一次安装在方箱上的工件，通过方箱翻转可划出（   ）。

（1）两个方向的尺寸线；（2）三个方向的尺寸线；（3）四个方向的尺寸线。

7．在毛坯工件上，通过找正后划线，可使各加工表面的

（　　）得到合理和均匀的分布。

（1）加工尺寸；（2）相对位置；（3）加工余量。

三、问答题

1．在加工前为什么要划线？

2．划线前有哪些准备工作？

3．何谓划线基准？平面划线基准有哪三种基本类型？

4．在工件上冲眼的要求有哪些？

5．划线通常按哪些步骤进行？

第四章

錾　　削

用手锤敲击錾子，对金属工件进行切削加工或对板料、条料进行切割加工的操作称为錾削。

錾削操作常用在不便于机械加工或单件生产的场合，如錾削平面，分割板料，錾削沟槽，去除毛坯飞边、毛刺和凸缘等，见图 4-1。

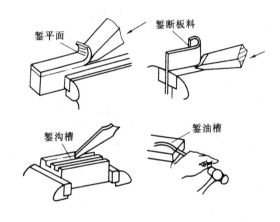

图 4-1　錾削的应用

另外，熟练的挥锤技能也是在安装、检修电力设备过程中所必须掌握的基本操作技能。

第一节　錾削工具和挥锤动作训练

一、錾削工具

1. 手锤

手锤（见图 4-2）是錾削操作中的敲击工具。锤头用碳素工具钢 T7A 钢制成后经淬火硬化。手锤规格按质量分（不连柄），有 0.22、0.44、0.66、0.88、1.1kg 等几种。锤柄用坚韧的木料制成，木柄的长度约为 300～350mm,或以操作者小臂的长度确定（见图 4－3）。为了防止锤头松动脱落,应用楔子（见图 4－4)紧固。

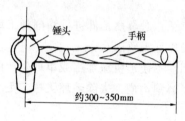

图 4－2　手锤

图 4－3　锤柄
长度的确定方法

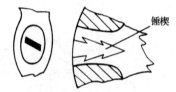

图 4－4　手锤楔子

2. 錾子

錾子是錾削操作中的刀具，用碳素工具钢 T7A 或 T8A 锻制成形，经刃磨后淬火硬化。常用的錾子有扁錾、尖錾、油槽錾。扁錾又称平錾、阔錾，用于錾削平面，切断板料，去毛刺、飞边等；尖錾又称窄錾，用于开直槽；油槽錾用于錾削润滑油槽。常用錾子外形如图 4－5 所示。

二、挥锤动作训练

1. 手锤的握法

手锤有紧握法和松握法两种，详见图 4－6。

2. 錾子的握法

錾子有正握法、反握法和立握法三种，如图 4－7 所示。

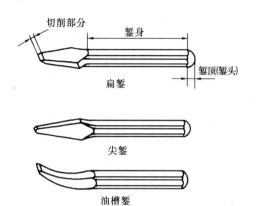

图 4-5 常用錾子

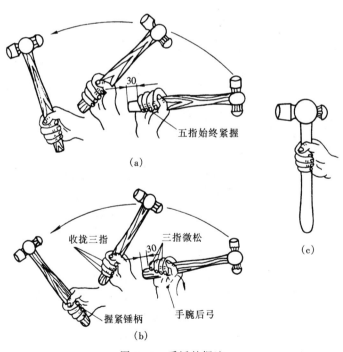

图 4-6 手锤的握法

（a）紧握法；（b）松握法；（c）错误握法

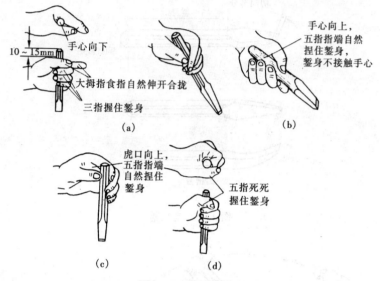

图4-7　錾子的握法

(a) 正握法；(b) 反握法；(c) 立握法；(d) 错误握法

3. 站立位置和姿势

在台虎钳上錾削时，操作者面对台虎钳站立，两脚的位置如图4-8 (a) 所示。前腿膝关节稍有弯曲，后腿伸直站稳，身体

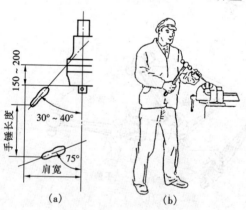

图4-8　錾削时的站立位置和姿势

(a) 站立位置；(b) 錾削姿势

与台虎钳中心线约成45°角。左手握錾，右手握锤，锤头与錾子成一直线，目视錾子刃口，如图4-8（b）所示。

4．挥锤方法

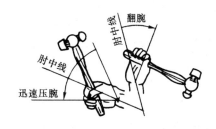

图4-9　腕挥

常见的挥锤方法有三种，即腕挥、肘挥和臂挥。

（1）腕挥。腕挥主要靠手腕动作挥锤、敲击，如图4-9所示。其锤击力较小，适用于錾削量较小时或錾削的开始和结尾。

（2）肘挥。肘挥主要靠手腕和小臂的配合动作挥锤敲击，如图4-10所示。其锤击力较大，是常用的一种挥锤方法。

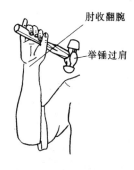

图4-10　肘挥

图4-11　臂挥

（3）臂挥。臂挥靠手腕、小臂和大臂的联合动作挥锤敲击，如图4-11所示。其挥锤幅度大，适用于大力錾削操作，如錾切板料、条料或錾削余量较大的平面等。

5．挥锤动作要领（以肘挥为例）

挥锤动作要领

肘收臂提，手腕后翻，

举锤过肩，稍停瞬间。

锤走弧线，锤錾一线，

锤落加速，手腕加力。

錾削时，要注意挥锤速度，挥捶动作要有节奏。一般腕挥时的速度为 50 次/min 左右，肘挥时的速度控制在 40 次/min 左右较适宜。

操作训练6 挥锤动作练习

1. 训练要求

（1）掌握正确的握锤、握錾方法；

（2）掌握正确的站立位置和操作姿势；

（3）牢记挥锤动作要领。

2. 工具、量具及辅具

0.66kg 手锤，训练专用工具。

3. 工作图

挥锤训练专用工具如图 4 – 12 所示。

4. 训练安排

（1）在工作位置上进行握錾、握锤及站立姿势练习。

（2）不握錾挥锤训练：

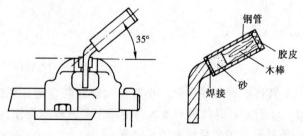

图 4 – 12 挥锤训练专用工具

1）腕挥练习；

2）肘挥练习；

3）臂挥练习。

（3）握持专用工具进行挥锤训练：

1）腕挥练习；

2）肘挥练习；

3）臂挥练习。

5．注意事项

（1）练习时要认真，对不正确的动作要及时纠正，以免造成错误动作定型。

（2）练习前应检查锤头是否松动，木柄有无裂纹。

（3）严禁戴手套挥锤，以防手锤滑脱伤人。挥锤前应观察身旁是否有人。

第二节　錾子的刃磨与热处理

一、錾子的刃磨

1．錾子的切削部分与切削角度

（1）錾子的切削部分。錾子的切削部分由两个刀面和一条切

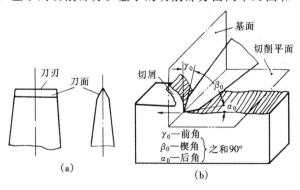

图 4 - 13　錾子的切削部分

（a）刀面和刀刃；（b）切削角度

削刃组成，见图 4 – 13（a）。与切屑接触的刀面为前刀面，与切削平面接触的刀面为后刀面，两刀面的交线为切削刃。

（2）切削角度。錾削时形成的切削角度有楔角 β_0（錾子两个刀面的夹角）、后角 α_0（后刀面与切削平面的夹角）和前角 γ_0（前刀面与基面的夹角），见图 4 – 13（b）。其中，楔角是通过磨削刀面形成的。

錾子楔角的大小应根据加工工件的材料进行合理选择。选择时可参阅表 4 – 1。

表 4 – 1　　　　　　　　錾子楔角的选择

工　件　材　料	楔角 β_0
硬钢、硬铸铁等	$65° \sim 70°$
钢、软铸铁	$60°$
铜合金	$45° \sim 60°$
铅、铝、锌	$35°$

2．錾子的刃磨

（1）扁錾的刃磨要求。錾子的两刀面与切削刃是在砂轮机上刃磨出来的。其要求如下（见图 4 – 14）：

1）切削刃与錾子的中心线垂直；

2）两刀面平整且对称；

3）楔角大小适宜。

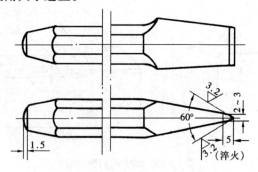

图 4 – 14　扁錾的刃磨要求

（2）尖錾的刃磨要求。刃磨扁錾的要求同样适用于尖錾，但因尖錾的构造及用途不同于扁錾，故尖錾有以下特殊要求（见图4－15）：

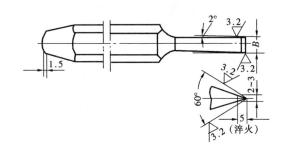

图 4－15　尖錾的刃磨要求

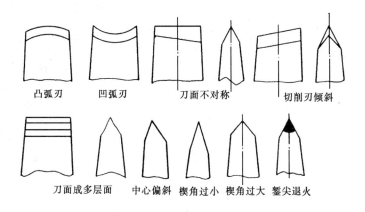

凸弧刃　　凹弧刃　　刀面不对称　　切削刃倾斜

刀面成多层面　中心偏斜　楔角过小　楔角过大　錾尖退火

图 4－16　刃磨时常出现的缺陷

1）尖錾切削刃的宽度 B 按槽宽尺寸要求刃磨；

2）两侧面的宽度应从切削刃起向柄部变窄，形成 1°～3°的副偏角，避免錾槽时被卡住。

刃磨时，两刀面与切削刃常出现的缺陷见图4－16。

（3）刃磨时的站立位置及握錾方法。操作者应站在砂轮机的侧面。如果站在砂轮机的左侧，用右手大拇指和食指捏住錾子前

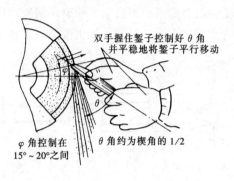

双手握住錾子控制好 θ 角
并平稳地将錾子平行移动

φ 角控制在
15°~20°之间

θ 角约为楔角的1/2

图4-17 刃磨方法

端，左手捏住錾身。若站在砂轮机右侧，应交换两手的位置。

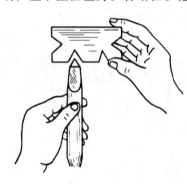

图4-18 用样板检查楔角

（4）刃磨方法。如图4-17所示，刃磨錾子的两刀面和切削刃时，应将錾子平放在高于砂轮中心的位置上轻加压力，左右平行移动，移动时要稳。并且要控制住錾子的磨削位置和方向。錾子楔角的大小可用角度样板检查，如图4-18所示。

二、錾子的热处理

錾子热处理的目的，一是为了提高切削部分的硬度和强度，二是提高其冲击韧性。热处理过程包括淬火和回火两个工艺。

1. 准备工作

（1）确定錾子的钢号；

（2）刃磨錾子，使其符号要求；

（3）准备足够、洁净的冷却液（水）。

2. 操作步骤和方法

（1）加热。在锻造炉中（或用氧乙炔焰）加热时，烧红部位的长度约 20~40mm。当加热温度为 750~780℃（錾子呈樱桃红色）时，将錾子从炉中取出。

（2）冷却。錾子取出后，立即将其垂直插入水中（入水深度约为5mm），并在水中缓慢地移动和轻微地上下窜动，如图4-19所示。

图4-19　錾子的热处理

（3）回火。待錾子刃部冷却后（錾子在水面上部的红色退去时），将其从水中取出，并立即去除氧化皮，利用錾子上部的余热对冷却的刃口进行回火。回火时，錾子刃部逐渐变色，由白而黄，由黄而紫，由紫而蓝。

（4）第二次冷却。当錾子刃部变化到某一颜色（温度）时，急速将其加热部分全部浸入水中冷却，使它的颜色不再变化。回火颜色变化以錾刃为黄色时，投入水中所得到的硬度较大，紫色次之，蓝色更小。回火的颜色应根据錾子的材料和需要的硬度确定。一般用碳素工具钢制作的錾子，回火颜色为紫色或暗蓝色时，錾削中等硬度的材料较适宜。

操作训练7　錾子刃磨与热处理练习

1. 训练要求

（1）掌握扁錾的刃磨方法；

（2）要求站立位置、握錾方法正确，錾子移动平稳，能消除刃磨中出现的缺陷；

（3）初步掌握錾子热处理的步骤与方法，要求准确把握加热温度和回火颜色。

2．设备

砂轮机、加热炉。

3．工具、量具、辅具

扁錾、尖錾、角度样板、水槽等。

4．备料

200mm×20mm×4mm 扁铁。

5．工作图

錾子刃磨练习件如图 4 – 20 所示。

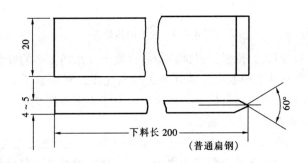

图 4 – 20　錾子刃磨练习件

6．训练安排

（1）用扁铁在砂轮上进行刃磨练习；

（2）刃磨扁錾；

（3）刃磨尖錾；

（4）将刃磨好的扁錾、尖錾进行热处理。

第三节 錾削方法

一、錾削平面

1. 工件夹持

錾削前，将工件牢固地夹持在台虎钳中间，其夹持方法和要求见图4-21。

2. 起錾

起錾方法有尖角处起錾法和正面起錾法。操作时，可根据加工件的具体情况选用。

（1）尖角处起錾法（见图4-22）。錾削方铁工件表面时，一般在工件的尖角处起錾。其操作方法是，将扁錾斜放在工件的尖角处，且与工件表面成一负角，用手锤沿錾子中心轴线方向敲击。当錾出一个三角形小斜面时，将錾子的切削刃放置在小平面上，再按正常的錾削角度逐渐向中间錾削。

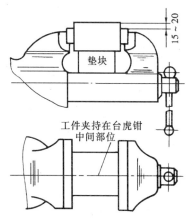

图4-21 工件夹持的要求

（2）正面起錾法（见图4-23）。开直槽时，应采用正面起錾法。起錾时，全部刃口贴住工件錾削位置的端面，且与工件形成一个负角，用手锤錾出一个斜面，然后按正常角度錾削。

3. 錾削平面操作要领

（1）握錾平稳，后角不变。能否控制錾子，直接影响錾削平面的平直度。若握錾不平稳，后角忽大忽小，就会造成加工面凹凸不平。

（2）錾子前后移动。在錾削过程中，一般每击錾两三次后，应将錾子沿已錾削表面退回，观察錾削表面的平整情况。

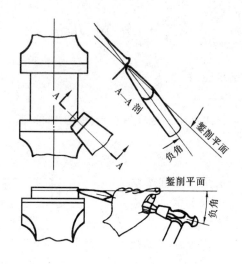

图 4 - 22　尖角处起錾法

（3）分层錾削。錾削时，应根据加工余量分层錾削。若一次錾得过厚，不但消耗体力，而且也不易錾得平整；若一次錾得过薄，錾子又容易从工件表面上滑脱。

（4）开槽錾削大平面。在錾削较大的平面时，可先用尖錾开槽，然后用扁錾錾平，见图 4 - 24。

（5）工件尽头的錾法。在錾削过程中，当錾削到接近工件尽头 10～15mm 时，必须调头重新起錾錾削余下部分，见图 4 - 25。对于脆性材料，如铸铁、黄铜等，更应如此。否则，工件尽头会造成崩裂。

二、錾切板料、条料

1. 在台虎钳上錾切板料的方法

一般 3mm 以下的板料可夹持在台虎钳上錾切，其操作方法见图 4 - 26。

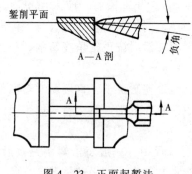

图 4 - 23　正面起錾法

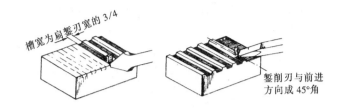

图 4 – 24 开槽錾削大平面的方法

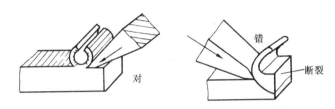

图 4 – 25 工件尽头的錾削方法

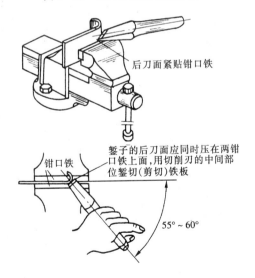

图 4 – 26 在台虎钳上錾切板料的方法

2.在砧铁上錾切板料的方法

一般錾切 3mm 以上的板料或錾切曲线时，应在砧铁上进行，其操作方法见图 4－27。

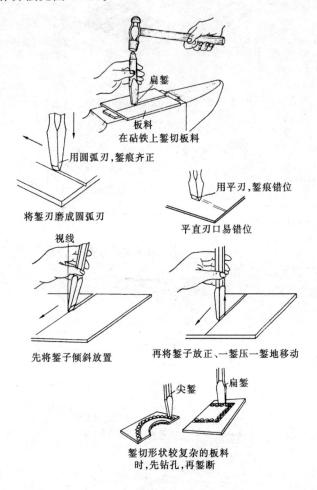

扁錾

板料

在砧铁上錾切板料

用圆弧刃，錾痕齐正

将錾刃磨成圆弧刃

用平刃，錾痕错位

平直刃口易错位

视线

先将錾子倾斜放置

再将錾子放正、一錾压一錾地移动

尖錾　　　　扁錾

錾切形状较复杂的板料
时，先钻孔，再錾断

图 4－27　在砧铁上錾切板料的方法

操作训练8　平面錾削练习

1．训练要求

（1）掌握平面錾削操作要领；

（2）工件夹持、起錾方法正确；

（3）达到图样中的技术要求。

2．工具、量具、辅具

手锤、扁錾、尖錾、外卡钳、钢直尺、角尺、划线工具和垫铁等。

3．备料

90mm×90mm×32mm（HT150），$\phi 40×116$mm（45钢）。由操作训练4转来。

4．工作图

錾削工作图如图4-28和图4-29所示。

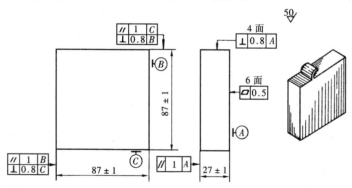

图4-28　錾削铸铁板

5．训练安排

（1）錾削铸铁板。

1）加工大平面：①錾削基准面 A，达到平面度要求；②錾削 A 面的对面，达到平面度、平行度要求。

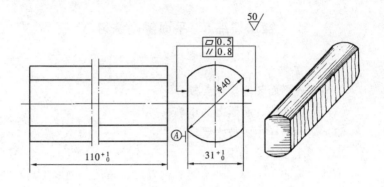

图 4 − 29　錾削圆钢

2）加工窄平面：①錾削 *B* 面，达到平面度、垂直度要求；②錾削 *B* 面的对面，达到平面度、平行度和垂直度要求；③錾削 *C* 面，达到平面度、垂直度要求；④錾削 *C* 面的对面，达到平面度、平行度和垂直度要求。

3）精修六面，按上述加工顺序进行全面检查精修。

4）注意事项：①注意工件尽头的錾削方法；②注意基本操作训练，不赶进度；③严格遵守安全操作规程；④粗錾时，应留有一定的精錾余量。精錾时，錾子应保持锋利，锤击力要小。

（2）錾削圆钢：

1）錾削基准面 *A*，达到平面度要求；

2）錾削 *A* 面的对面，达到平面度、平行度要求；

3）全面检查精修。

操作训练 9　錾切板料练习

1. 训练要求

（1）掌握錾切板料、条料的操作要领；

（2）工件夹持正确，錾切角度适当；

（3）达到图样中的要求。

2. 工具、量具、辅具

手锤、扁錾、尖錾、钢直尺、角尺、划线工具等。

3. 备料

60mm × 45mm × 3mm 铁板两件。

4. 工作图

錾切练习件如图 4 - 30 所示。

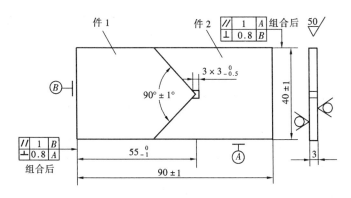

图 4 - 30　錾切练习件

5. 训练安排

（1）检查铁板毛坯尺寸并将其校平；

（2）根据工作图样划线，检查无误后打上样冲眼；

（3）加工件 1　90°外角；

（4）加工件 2　90°内角，用尖錾錾出 3mm × 3mm 工艺槽；

（5）将件 1 和件 2 配合后夹持在台虎钳上，按图样外形尺寸和位置公差要求錾切。

复习题

一、判断题

1. 錾削时形成前角、后角、楔角，三个角度之和应为 90°。

（　　）

2．錾削中等硬度材料时，楔角应取 30°~40°。　　　　（　　）

3．油槽錾的切削刃很长，呈直线形。　　　　　　　　（　　）

4．錾削时为提高效率，每次錾削层厚度应大一些。　　（　　）

5．錾削时为保证錾刃稳定，握錾力量应大些，后角应大些。

（　　）

二、选择题

1．錾子一般是用（　　　）制成的，并经淬火硬化。

（1）优质碳素结构钢；（2）碳素工具钢；（3）合金工具钢。

2．錾子热处理时应加热到（　　　），呈樱桃红时从炉中取出。

（1）400~440℃；（2）500~550℃；（3）750~780℃。

3．一般（　　　）以下的板料可夹持在台虎钳上錾切。

（1）3mm；（2）8mm；（3）12mm。

4．錾削铅、铝等软材料时，錾子的楔角可选择（　　　）。

（1）60°；（2）50°；（3）35°。

三、问答题

1．刀具应具备的基本条件有哪些？

2．分析錾子楔角大小对錾削的影响，如何选择錾子的楔角？

3．简述扁錾和尖錾的刃磨要求。

4．手锤的握法有哪些？錾子的握法有哪些？

锯　　割

用手锯对材料或工件进行切断或切槽的操作称为锯割。锯割的应用见图5-1。

第一节　手锯和锯割操作要领

一、手锯

1. 锯弓

锯弓是用来夹持和张紧锯条的弓架，有固定式和可调式两类，见图5-2。其中，导管式可调锯弓在锯条张紧时不易扭曲，采用较为普遍。

2. 锯条

锯条一般用渗碳软钢制成后经热处理淬火硬化。锯条的长度以两端安装孔的中心距表示，常用的为300mm。

3. 锯路

锯路就是锯条上的全部锯齿，按一定的规律左右错开排列成一定的形状。常采用的锯路有交叉式和波浪式两种，见图5-3。锯路的作用是在锯割时增大锯缝的宽度，以减少锯缝对锯条的摩擦阻力，防止夹锯。

4. 锯条的选择

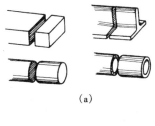

(a)

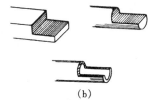

(b)

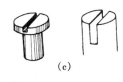

(c)

图5-1　锯割的应用
(a) 锯断材料；(b) 去除材料；(c) 锯槽

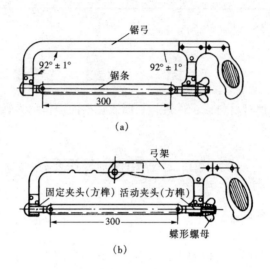

图 5 – 2　手锯

(a) 固定式；(b) 可调式

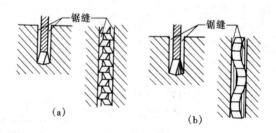

图 5 – 3　锯路的形式

(a) 交叉式；(b) 波浪式

　　锯条的粗细规格是以锯条的齿距区分的，一般分粗、中、细
三种，其应用场合见表 5 – 1。

表 5 – 1　　　　　　　　锯条的粗细规格及适用范围

规格	齿距（mm）	适用范围
粗	1.6	软钢、黄铜、铝、铸铁、紫铜等
中	1.2	中等硬度的钢、厚壁管子等
细	0.8	工具钢、薄壁管子等

选择锯条时，主要根据工件的硬度、强度及锯割面的形状等条件进行选择。其选用原则是：材料软、切割面大的工件选用粗齿锯条；材料硬、切割面小的工件选用细齿锯条，见图5-4。

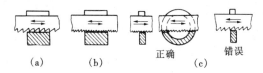

图5-4　锯条的选用

(a) 材料软选用粗齿锯条；(b) 材料硬选用细齿锯条；

(c) 锯割截面积较小的材料应选用细齿锯条

二、锯割操作要领

1. 锯条的安装

安装锯条的方法和要求如图5-5所示。

2. 手锯的握法

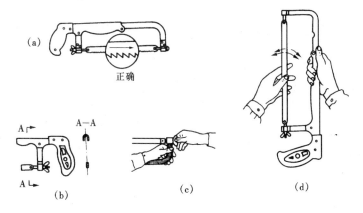

图5-5　锯条的安装

(a) 安装时注意锯齿方向；(b) 装好后的锯条应与弓架中心线平行，

不能扭曲；(c) 旋紧蝶形螺母；(d) 检查松紧程度的方法

常见的握锯方法是右手满握锯柄，左手扶住锯弓前端，如图5-6所示。

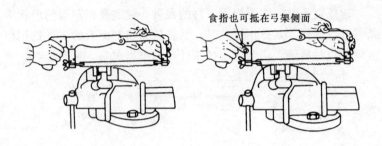

食指也可抵在弓架侧面

图 5-6　手锯的握法

3．站立位置和姿势

在台虎钳上锯割时，操作者面对台虎钳站在台虎钳中心线左侧，站立位置见图 5-7（a）。前腿微微弯曲，后腿伸直，两肩自然持平，两手握正锯弓，目视锯条，见图 5-7（b）。

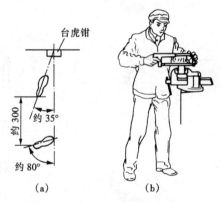

台虎钳

约 300

约 35°

约 80°

（a）　　　　（b）

图 5-7　站立位置和姿势

（a）站立位置；（b）操作姿势

4．锯割动作要领

锯割动作根据两手臂的运动形式分为直线往复式和小幅度摆动式两种。

（1）直线往复式。推锯时，身体与手锯同时向前运动；回锯时，身体靠锯割反作用力回移，两手臂控制锯条平直运动，见图

5 - 8（a）。

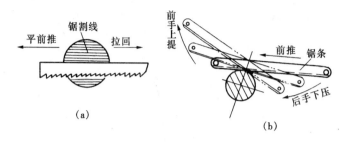

图 5 - 8　锯割动作要领

（a）直线往复式；（b）小幅度摆动式

（2）小幅度摆动式。身体的运动与直线往复式相同，但两手臂的动作不同。推锯时，前手臂上提，后手臂下压；回锯时，后手臂上提，前手臂向下，使锯弓形成小幅度摆动，见图 5 - 8（b）。

5.压力、速度与行程

锯割时，推力和压力主要由右手控制，左手的作用是配合右手扶正锯弓，压力不要过大。推锯时为切削行程，应施加压力；向后回拉时为返回行程，不加压力；工件将要锯断时，压力要小。

锯割速度的快慢主要根据锯割材料的软硬来确定。锯割硬材料速度应慢些；锯割软材料速度可快些。一般锯割速度控制为20～40次/min 左右为宜。同时，拉回手锯的速度比推锯的速度应相对快一些。

锯割时，应充分利用锯条的有效长度。如锯割行程较短，不仅会降低锯条的使用寿命，更重要的是会由于局部锯路磨损，造成锯条卡死折断。一般往复行程应不小于锯条长度的 3/5。

第二节　锯割操作方法

一、工件夹持

工件一般夹持在台虎钳的左侧，以使操作方便。工件伸出部

图 5 - 9　工件的夹持

分尽量要短，锯割线应与钳口端面平行，如图 5 - 9 所示。

二、起锯

起锯的方法有远起锯和近起锯两种。如图 5 - 10 所示。起锯时左手拇指靠住锯条，起锯角度约为 15°，要求最少有 3 个锯齿接触工件。一般多采用远起锯法，这种方法便于观察锯割线，而且锯齿不易卡住。

起锯操作要点：行程短，压力小，速度慢，起锯角度正确。

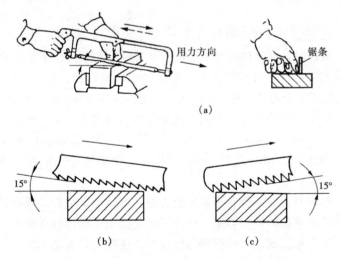

图 5 - 10　起锯方法
(a) 起锯；(b) 远起锯法；(c) 近起锯法

三、不同材料的锯割方法

(1) 条料（圆钢、扁钢）的锯割方法见图 5 - 11。其中锯割

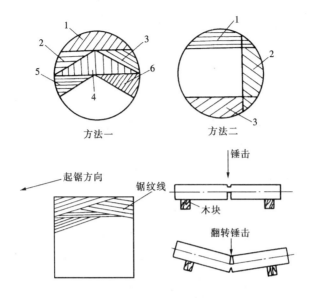

图 5 - 11　锯割条料的方法

尺寸较大的圆钢、方钢时，按图中顺序号锯割，省时、省力。直径较大的脆性棒料，锯一深缝和一浅缝后击断。

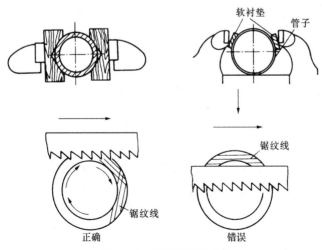

图 5 - 12　锯割管子的方法

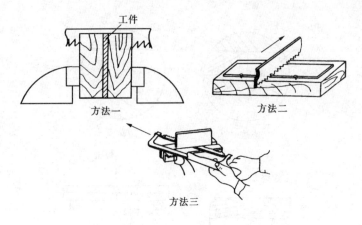

图 5 – 13   锯割板料的方法

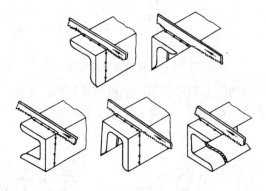

图 5 – 14   锯割型钢的方法

（2）管子的锯割方法见图 5 – 12。

（3）板料的锯割方法见图 5 – 13。

（4）型钢的锯割方法见图 5 – 14。

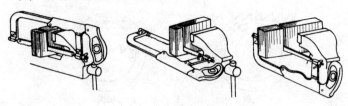

图 5 – 15   深缝锯割的方法

（5）深缝的锯割方法见图 5 – 15。

四、锯条损坏的类型及原因

锯条损坏的类型及原因见表 5 – 2。

表 5 – 2   **锯条损坏的类型及原因**

类　型	损　坏　的　原　因
锯条折断	（1）锯条装得过松或过紧； （2）工件夹持不牢或抖动； （3）锯缝歪斜，纠正过急； （4）行程过短卡死锯条或旧锯缝中使用新锯条； （5）操作不熟练或不慎
锯条崩齿	（1）锯齿粗细规格选择不当； （2）起锯角度过大； （3）锯割时角度突然变化； （4）突然遇到硬杂质
锯条磨损	（1）锯割速度过快； （2）工件材料过硬； （3）行程过短（未充分利用锯条的全长）造成局部磨损加快

五、锯割废品分析

锯割时产生废品的类型及原因见表 5 – 3。

表 5 – 3   **锯割时产生废品的类型及原因**

废品类型	主　要　原　因
尺寸锯小	（1）划线不准； （2）未按加工线锯割
锯缝歪斜超出要求范围	（1）夹持工件时，锯割线与钳口侧面不平行； （2）锯条安装过松或与锯弓平面扭曲； （3）锯割压力过大； （4）使用锯齿两侧磨损不均的锯条； （5）锯割时，未扶正锯弓或用力歪斜
锯坏工件表面	（1）起锯时压力不均； （2）起锯角度过小出现跑锯

操作训练 10　锯割练习

1. 训练要求

（1）手锯的握法与站立姿势正确，锯条安装符合要求；

（2）掌握锯割动作要领，要求动作协调、自然、速度适宜；

（3）合理选用锯条；

（4）掌握锯割方法，达到图样中的技术要求；

（5）能处理锯割中发生的问题。

2. 工具、量具及辅具

手锯、划线工具、钢直尺、外卡钳、角尺等。

3. 备料

件Ⅰ85mm×85mm×25mm（HT150），由操作训练 12 转来；

件Ⅱ31mm×22mm×110mm（45 钢），由操作训练 8 转来。

4. 工件图（参考）

锯割动作训练专用件如图 5－16 所示；锯割工作如图 5－17 所示。

5. 训练安排

（1）锯条装卸和松紧调整练习；

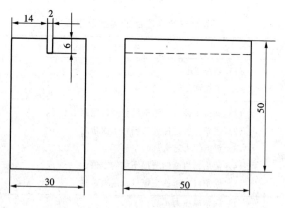

图 5－16　锯割动作训练专用件

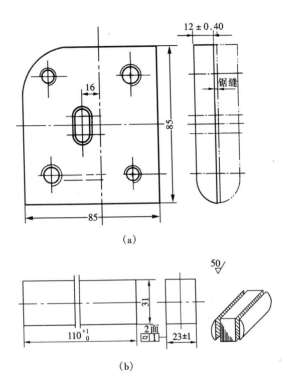

图 5 - 17　锯割工件

（a）锯割铸铁板（件Ⅰ）；（b）锯割圆钢（件Ⅱ）

（2）将锯割动作训练专用件（见图 5 - 16）夹持在台虎钳上，进行站立姿势和锯割动作练习；

（3）按图 5 - 17 的要求划线后进行锯割。

6．注意事项

（1）安装锯条时，应注意锯齿方向。调整锯条松紧时常出现的问题是调整偏松。

（2）在训练专用件上练习锯割动作时，应将锯条的锯齿朝上安装在锯弓上。

（3）锯割时，应做到一次锯穿，切忌多面起锯。

（4）锯缝歪斜后，不能强行纠正，应缓慢逐渐纠正。

复习题

一、判断题

1. 锯条的长度是指两端安装孔之间的中心距，钳工常用的是 300mm 的锯条。　　　　　　　　　　　　　　　（　　）

2. 起锯时应注意：行程短，压力大，起锯角度正确。

　　　　　　　　　　　　　　　　　　　　　　　　（　　）

3. 锯割软材料应选用细齿锯条，锯割硬材料应选用粗齿锯条。　　　　　　　　　　　　　　　　　　　　　　（　　）

4. 锯割时，工件通常应尽量夹持在钳口的中间。（　　）

二、选择题

1. 锯条一般用（　　）制成后经热处理淬火硬化。

（1）碳素工具钢；（2）合金工具钢；（3）渗碳软钢。

2. 锯割速度一般应控制在（　　）次/min 左右为宜。

（1）20～30；（2）20～40；（3）30～50。

3. 起锯角度约为（　　），要求至少有 3 个锯齿接触工件。

（1）10°；（2）15°；（3）20°。

三、问答题

1. 什么叫锯路？有哪些形式？它的作用是什么？

2. 简述起锯的方法和起锯操作要点。

3. 分析锯条折断的原因。

第六章

锉　　削

用锉刀对工件表面进行切削加工，使其尺寸、形状、位置和表面粗糙度达到要求的操作称为锉削。锉削精度可高达 0.01mm，表面粗糙度可达 $R_a0.8$。

锉削的应用很广，如锉削平面、曲面、内外角度，以及各种复杂形状的表面和锉配等，见图 6 – 1。

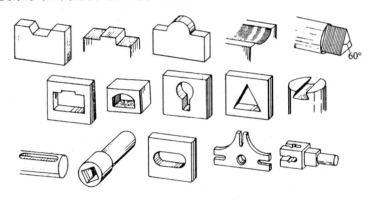

图 6 – 1　锉削的应用

第一节　锉刀和锉削动作要领

一、锉刀

1. 锉刀的构造

锉刀用碳素工具钢 T12 或 T13 制成，经热处理后切削部分的硬度可达 HRC62 ~ 67。锉刀的构造如图 6 – 2 所示，一般锉刀边一边有齿，一边无齿，无齿的边称为光边或安全边。

2. 锉刀面的齿纹

锉刀面上的齿纹有单齿纹和双齿纹两种。

在锉刀面上只有一个方向齿纹的锉刀称为单齿纹锉刀，见图

6－3。单齿纹锉刀，锉齿正前角切削，齿的强度弱，全齿宽参加切削，增大了切削阻力，切屑不易破碎，故多用于锉削软金属，如铝、铜等。

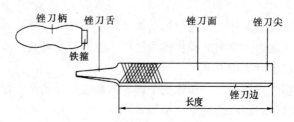

图 6－2　锉刀的构造

　　在锉刀面上排有两个方向齿纹的锉刀称为双齿纹锉刀，见图 6－4。双齿纹锉刀由面齿纹和底齿纹组成。面齿纹与底齿纹交叉成一定角度，形成许多前后交错排列的小齿和容屑槽。锉削时，切屑可碎断，故锉削省力。同时，由于每个齿的锉痕交错而不重叠，锉削面较光滑。锉齿具有负前角，齿的强度高，适用于锉削硬材料。

　　3．锉刀的种类和规格

　　（1）锉刀的种类。根据锉刀的用途，一般将锉刀分为三类，即普通锉、整形锉和特种锉，见图 6－5 所示。

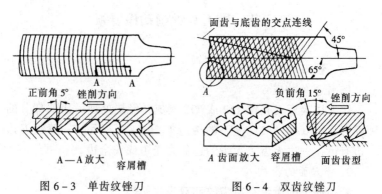

图 6－3　单齿纹锉刀　　　　　图 6－4　双齿纹锉刀

　　（2）锉刀的规格。锉刀的规格分尺寸规格和粗细规格。

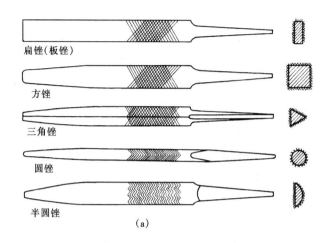

图 6 – 5　锉刀的种类（一）

（a）普通锉

1）尺寸规格。圆锉以直径表示，方锉以边长表示，其余以锉刀长度表示。

2）粗细规格。按锉纹号分，一般分五个等级，见表 6 – 1。

表 6 – 1　　　　　锉刀的粗细规格

锉纹号	1	2	3	4	5
习惯称呼	粗	中	细	双细	油光
齿距（mm）	2.3 ~ 0.8	0.77 ~ 0.42	0.33 ~ 0.25	0.25 ~ 0.2	0.2 ~ 0.16

4. 锉刀选用的原则

（1）选定锉刀的长度尺寸。锉刀长度尺寸的选定，决定于工件的加工面积和加工余量。一般加工面积较大、余量较多工件，选用较长的锉刀。

（2）选定锉刀的断面形状。锉刀断面形状的选定，决定于工件加工部位的几何形状，如图 6 – 6 所示。

（3）选定锉齿的粗细。锉齿粗细的选定，决定于工件的加工精度、加工余量、表面粗糙度的要求和材料的软硬。一般加工精

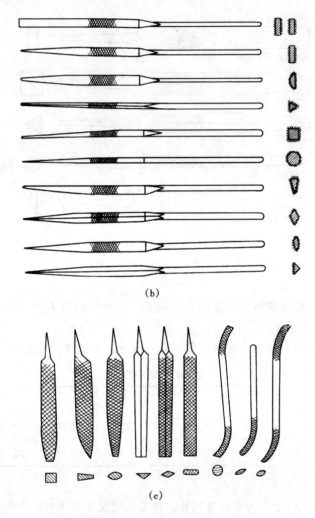

(b)

(c)

图 6-5 锉刀的种类（二）

(b) 整形锉（什锦锉、组锉）；(c) 特种锉

度较高、余量较少、表面粗糙度值较小、材料较硬的工件时，选用较细的锉刀；反之选用较粗的锉刀。选用时可参阅表 6-2。

5. 锉刀的保养

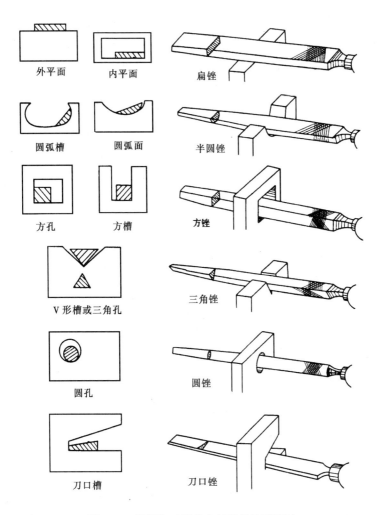

图 6-6 根据加工部位几何形状选用锉刀

表 6-2   **常用锉刀的适用范围**

锉 刀	加工余量（mm）	尺寸精度（mm）	表面粗糙度（μm）
粗 齿	0.5 ~ 1	0.2 ~ 0.5	$R_a 100 ~ 25$
中 齿	0.2 ~ 0.5	0.05 ~ 0.2	$R_a 12.5 ~ 6.3$
细 齿	0.05 ~ 0.2	0.01 ~ 0.05	$R_a 12.5 ~ 3.2$

为了延长锉刀的使用寿命，应严格按照下列规则使用和保养锉刀。

（1）不用新锉刀锉削锻、铸工件表面和淬过火的工件。如需要锉削锻、铸件，应先用錾子或旧锉刀去掉硬皮。

（2）使用新锉刀时，应作上记号，先使用一面，锉钝后再用另一面。

（3）锉刀严禁接触水或油。锉削时不用手摸锉刀面。

（4）锉刀放置应稳当、整齐、不能叠放，也不能同其他工具堆放。

二、锉削动作训练

1. 锉刀柄及其装卸方法

锉削时，为了控制锉刀便于用力，锉刀尾部必须要装锉刀柄。如图 6－7 所示，锉刀柄的规格分大、中、小三号，可根据锉刀的长度规格进行选用。一般 300mm 以上的锉刀选用大号，200mm 和 250mm 的锉刀选用中号，100mm 和 150mm 的锉刀选用小号较为适宜。锉刀柄的装卸方法如图 6－8 所示。

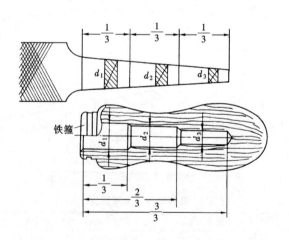

图 6－7　锉刀柄

2. 锉刀的握法

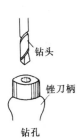
钻头

锉刀柄

钻孔

用锉刀舌扩孔

装入

墩紧

（a）

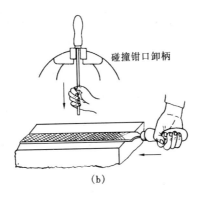
碰撞钳口卸柄

（b）

图 6 - 8   锉刀柄的装卸方法

（a）装法；（b）卸法

锉柄尾部抵住手掌后部肌肉

拇指放在柄上面，四指自然握住柄

图 6 - 9   右手握锉的方法

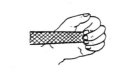

图 6 - 10   大中型
锉刀左手的握法

锉削时，一般右手握住锉刀柄，左手握住（或压住）锉刀。右手的握法如图 6 – 9 所示；左手的握锉方法较多，具体采用哪一种握法，应根据锉刀的长短规格、锉削时行程的长短、锉削余量的多少和使用的场合选择。大中型锉刀左手（前手）的握法如图 6 – 10 所示，中小型锉刀常见的握法如图 6 – 11 所示，整形锉的握法如图 6 – 12 所示。

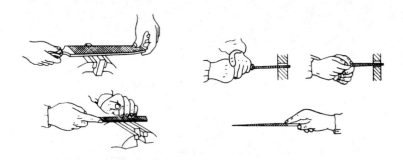

图 6 – 11　中小型
　　　　锉刀的握法

图 6 – 12　整形锉刀的握法

3. 锉削站立姿势

在台虎钳上锉削时，操作者面对台虎钳，站立在台虎钳中心线的左侧，两脚的站立位置如图 6 – 13 所示。锉削站立姿势见图 6 – 14。站立时两肩自然持平，目视锉削面。右小臂同锉刀呈一直线，并与锉削面平行；左臂弯曲，左小臂与锉削面基本保持平行。

4. 锉削动作要领

锉削一般包括推锉和回锉两个连续动作。其动作要领是：两脚站稳，身体稍向前倾，重心放在左脚上。身体靠左膝屈伸做前后往复运动，两臂协调配合。如图 6 – 15 所示，锉削动作如下：

（1）预备动作①～②。操作者面对台虎钳站立，将锉刀放在工件面上①；按站立位置的要求做好预备姿势②。

（2）推锉②～③～④。身体与锉刀同步向前运动，左膝弯曲度增大；当锉刀推进约 3/4 行程时，身体后移（左膝弯曲度减小），左臂逐渐伸开，两手继续推锉。

（3）回锉④~⑤。当锉刀锉完最后 1/4 行程时，两手顺势将锉刀收回；当回锉将要结束时，身体前倾准备作第二次推锉动作。

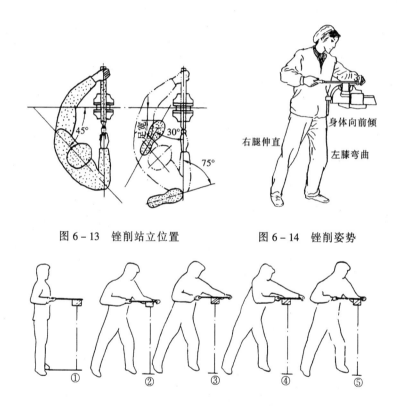

图 6－13　锉削站立位置　　　　图 6－14　锉削姿势

图 6－15　锉削动作要领

5. 锉削力的运用

在锉削平面时，要锉出平整的平面，必须在推锉过程中保证锉刀平稳而不上下摆动，始终保持平直运动。要做到这一点，在锉削过程中两手的用力应随锉刀位置的改变进行相应的调整。两手压力调整变化的情况是，随锉刀的推进，后手压力逐渐增加，前手压力逐渐减小，见图 6 – 16。回锉时，两手不加压力，以减少锉齿的磨损，见图 6 – 17。

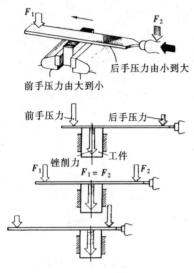

前手压力由大到小
后手压力由小到大

图 6 – 16　锉削力的运用

6. 锉削速度

锉削速度过快，直接影响锉刀的使用寿命和锉削质量；过慢，则效率不高。一般锉削速度控制在 40 次/min 左右较为适宜。同时，要求推锉时的速度稍慢，回锉时的速度可稍快些。

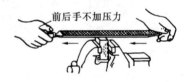

前后手不加压力

图 6 – 17　回锉

第二节　锉 削 方 法

一、工件的夹持

锉削时，不同工件的夹持方法见图 6 – 18，其具体要求是：

（1）工件应夹持在钳口中间部位；

（2）工件夹持应牢固，但不能使其变形；

（3）工件伸出钳口部分不易过高或过低，伸出过高工件易振动，过低易伤手；

（4）夹持精加工表面时，必须使用钳口垫铁（铁板、紫铜板或铝板制成），以防夹伤工件表面。

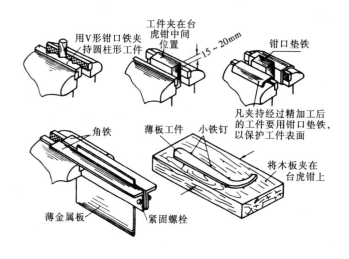

用V形钳口铁夹持圆柱形工件

工件夹在台虎钳中间位置

15～20mm

钳口垫铁

凡夹持经过精加工后的工件要用钳口垫铁，以保护工件表面

角铁

薄板工件

小铁钉

将木板夹在台虎钳上

薄金属板

紧固螺栓

图 6 – 18　锉削工件的夹持方法

二、平面锉削方法

1．顺向锉法

顺向锉法是基本的锉削方法，见图 6 – 19。锉削时，锉刀始终沿一个方向锉削。推锉的同时应均匀地做横向运动。

2．交叉锉法

交叉锉法是在顺向锉法的基础上，交叉变换锉削方向，见图 6 – 20。在锉削较大平面时，无论采用顺向锉法，还是交叉锉法，锉刀应均匀地做横向运动，每次移动 5～10mm。

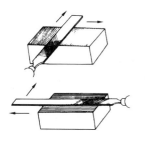

图 6 – 19　顺向锉法

3．推锉法

推锉法就是两手横握锉刀（手不要离工件太远），沿工件表面平稳地做推、拉运动，见图 6 – 21。推锉法主要用于修整工件表面锉纹，以降低表面粗糙度值。此外，狭长工件上有凸台不便于

用其他方法锉削时，也可采用推锉法。

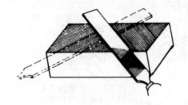
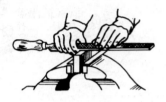

图 6 - 20　交叉锉法　　　　　　　图 6 - 21　推锉法

三、曲面锉削方法

1. 外曲面的锉削方法

锉削外曲面的方法有以下两种：

（1）沿圆弧面摆动锉法见图 6 - 22（a）。这种锉削方法锉出的外曲面圆滑、光洁，但锉削效率较低。一般在加工余量较小及精锉时使用此方法。

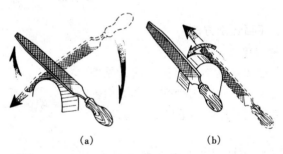

（a）　　　　　　　　　（b）

图 6 - 22　外曲面的锉削方法
（a）沿圆弧面摆动锉法；（b）沿圆弧面顺向锉法

（2）沿圆弧面顺向锉法见图 6 - 22（b）。此方法易掌握且加工效率高，但只能锉削成近似圆弧面的多棱形面。在加工余量较大及粗锉时使用此方法。

2. 内曲面的锉削方法

锉削内曲面的动作要领是在推锉时，锉刀向前运动，同时控制锉刀完成沿圆弧面向左或向右的移动，而且右手手腕作同步的转动动作。以上三个动作要求同时完成。回锉时，两手将锉刀稍

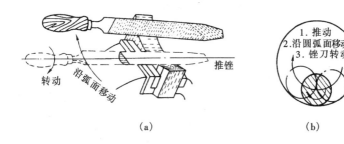

（a）　　　　　　　　（b）

图 6 – 23　内曲面的锉削方法

（a）锉削内曲面；（b）锉削圆孔

图 6 – 24　球面的锉削方法

微提起放回原来位置，见图 6 – 23（a）。锉削圆孔的方法与上述方法相同，见图 6 – 23（b）。

3. 球面的锉削方法

锉削圆柱形工件端部的球面时，要结合采用锉削外曲面时的两种锉法，如图 6 – 24 所示。

4. 曲面锉削的质量检查

外曲面轮廓度的检查，可制作曲面样板，通过光隙法检查。单向内、外曲面与邻面的垂直度用角尺检查，见图 6 – 25。

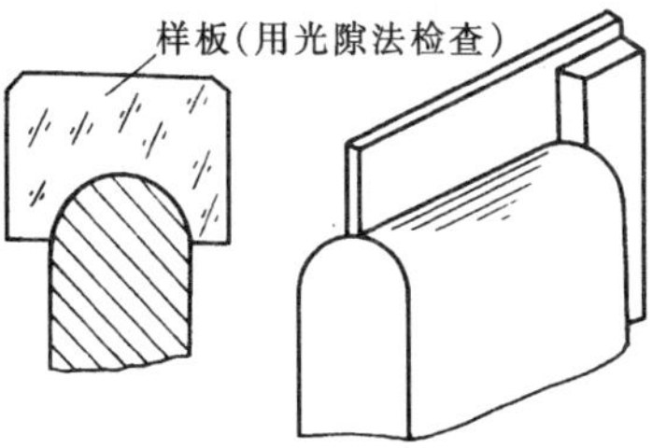

图 6 – 25　曲面锉削的质量检查方法

四、锉削面不平的类型及原因

锉削平面时，锉削面常出现的缺陷及原因见表 6 – 3。

表 6 – 3 锉削面不平的类型及原因

类　　　型	主　要　原　因
平面中凸	(1) 未掌握锉削动作要领； (2) 两手用力不当，锉刀摆动； (3) 锉刀本身中凹
对角钮曲	(1) 左手或右手施加压力时，重心偏向锉刀的一侧； (2) 工件夹持歪斜； (3) 锉刀面本身扭曲
平面横向中凸或中凹	锉削时，锉刀左右移动不均匀

五、锉削废品分析

锉削时产生废品的类型及原因见表 6 – 4。

表 6 – 4 锉削时产生废品的类型及原因

废品类型	产　生　原　因
工件夹坏	夹持方法不正确或紧力过大
尺寸超差	(1) 划线时产生错误； (2) 操作不熟练，超出加工线； (3) 测量、检查不及时，方法不正确
表面粗糙度 不符合要求	(1) 锉刀选用不当； (2) 粗锉时，锉纹太深； (3) 锉屑嵌在锉纹中未清除
锉伤了不 应锉的表面	(1) 锉刀选用不当； (2) 锉刀打滑把邻近平面锉伤

安全注意事项：

(1) 不准使用无柄、无箍或破损的锉刀；

(2) 使用小规格锉刀时，用力不可过大；

(3) 清除工件上的锉屑应使用毛刷，不准用嘴吹，也不准用手清除；

(4) 清除锉刀上的锉屑应使用钢丝刷，见图 6 – 26；

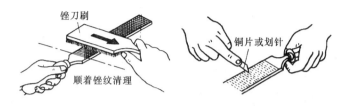

顺着锉纹清理　　　　铜片或划针

图 6 - 26　清除锉屑的方法

（5）严禁用锉刀代替手锤或撬杠进行使用；

（6）锉刀放置应稳妥，不准伸出工作台边。

操作训练 11　平面锉削练习

1．训练要求

（1）正确选用锉刀；

（2）锉削姿势（包括站立位置、握锉方法）正确规范，动作协调、自然；

（3）根据不同的锉削方法，控制锉削速度；

（4）推锉时两手平稳，能正确运用锉削力；

（5）达到图样技术要求。

2．工具、量具、辅具

扁锉、角尺、刀口尺、钢直尺、游标卡尺、外径百分尺、划线工具和垫铁等。

3．备料

87mm×87mm×27mm（HT150），由操作训练 8 转来。110mm×31mm×23mm（45 钢），由操作训练 10 转来。

4．工件图

锉削工件如图 6 - 27 所示。

5．训练安排

（1）锉削铸铁板。

1）锉削大平面：①锉削基准面 A，达到平面度要求；②锉

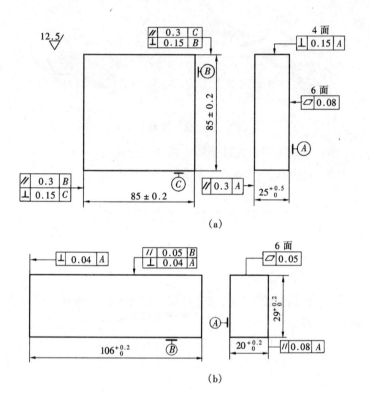

图 6 - 27 平面锉削工件

（a）锉削铸铁板；（b）锉削方钢

削 *A* 面的对面，达到平面度、平行度及尺寸要求。

2）锉削窄平面：①锉削 *B* 面，达到平面度、垂直度要求；②锉削 *B* 面的对面，达到平面度、平行度、垂直度及尺寸要求；③锉削 *C* 面，达到平面度、垂直度要求；④锉削 *C* 面的对面，达到平面度、平行度、垂直度要求。

3）精修六面。

按上述加工顺序全面检查精修。

表面粗糙度目测检查，并要求锉纹顺向一致；平行度两大面检测五点，两组窄平面各检测三点；平面度、垂直度通过刀口

130

尺、角尺目测检查。

（2）锉削方钢。

锉削方钢的步骤和方法与锉削铸铁板相同。

操作训练 12　曲面锉削练习

1．训练要求

（1）基本掌握锉削内、外圆弧的方法。

（2）在教师指导下，独立完成作业，达到图样技术要求（用圆弧样板检查外圆弧轮廓度应与样板符合）。

2．工件图（参考）

曲面锉削练习工件如图 6 – 28 所示，由操作训练 16 转来。

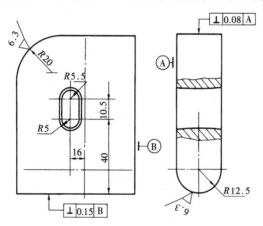

图 6 – 28　曲面锉削工件

3．训练安排

（1）加工 $R20mm$ 外圆弧面：

1）划线后，用扁錾錾去多余部分（按加工线留 0.5mm 左右锉削加工余量）；

2）采用沿圆弧面顺向锉法粗锉圆弧面；

3）采用沿圆弧面摆动锉法精锉圆弧面，达到图样要求。

（2）加工 $R12.5$mm 外圆弧面。加工步骤及方法与加工 $R20$mm 外圆弧面相同。

（3）加工长孔：

1）用尖錾、方锉或圆锉将两圆孔中间部分去掉；

2）用方锉锉削长孔两平面，基本达到图样尺寸要求；

3）用圆锉锉削长孔内曲面，基本达到图样尺寸要求；

4）精修长孔。

4. 注意事项

（1）錾削外曲面时，注意工件的夹持方法；

（2）精锉外圆弧时，应边锉削边用角尺和圆弧样板检查；

（3）加工长孔前，先要进行立体划线（两面划线）；

（4）锉削长孔时，应注意平面与曲面的连接。

第三节 锉 配

锉配就是主要通过锉削加工的方法，完成两个或两个以上零件相互结合并达到规定技术要求的操作。

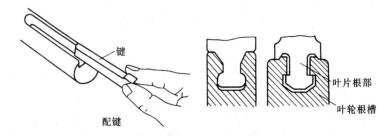

图 6-29 锉配实例

锉配加工广泛地应用在机器装配、工模具的制造和电厂设备检修中。如配键、锉配汽轮机叶片根部等工作（见图 6-29）。

一、锉配的种类

1. 按照配合件结构分类

可分为封闭式锉配与开放式锉配。

（1）封闭式锉配。锉配结合件中的某一零件各配合表面均包容于另一结合件配合表面之内的锉配（见图6-30）。

（2）开放式锉配。锉配结合件的各配合表面间既有包容关系，又有非包容关系的锉配（见图6-31）。

2. 按照配合件的加工工艺分类

可分为试配锉配与不试配锉配（盲配）。

（1）试配锉配。在锉配过程中某结合件严格按照设计时给定的技术要求（尺寸公差、形状位置公差及表面粗糙度等要求）加工，而其余结合件在加工时均以该结合件作为基准零件进行加工以达到配合要求的锉配（见图6-32）。

（2）不试配锉配。在锉配过程中各结合件均按照设计时给定的技术要求（尺寸公差、形状位置公差及表面粗糙度等要求）加工，从而直接达到配合要求的锉配（见图6-33）。

二、锉配的基本加工方法

（1）在试配锉配时先将结合件中的一件按照图样技术要求加工好作为基准件，然后根据基准件来加工其余结合件，一般情况下由于外表面易加工，便于测量，易获得较高的精度，故通常先

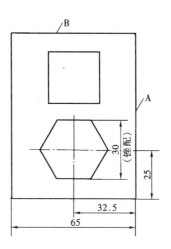

图6-30 封闭式锉配

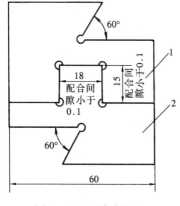

图6-31 开放式锉配

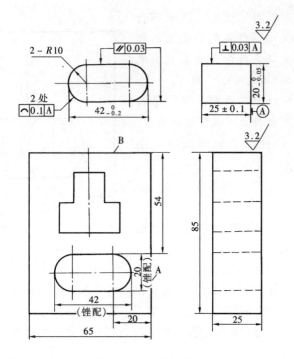

图 6-32 试配锉配

加工凸件,再加工凹件。

在加工内表面时,为了便于控制加工精度,一般应选择凹件的有关外形表面作为测量基准。所以在加工内表面前应对凹件的外形基准面进行加工并达到较高的精度要求。

在进行配合时,可采用光隙法或斑点法检查凸凹件的配合情况,确定加工部位和余量,通过加工使其逐步达到配合要求。

(2) 在不试配锉配时,各结合件均应严格按照图样技术要求加工,同时根据配合面间的尺寸链进行计算与分析,综合考虑形状位置误差对实效尺寸的影响,经过测量确定锉削部位与余量,通过加工使其达到配合要求。

三、锉配实例

(一) V 形台阶锉配

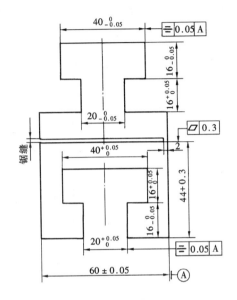

图 6 – 33　不试配锉配

1. 工件图（见图 6 – 34）

2. 图样分析

对图 6 – 34 所示的图样进行分析，此工件在加工过程中应注意以下几点：

（1）此工件为封闭式配合，形状复杂，工件上多处有对称度要求且要求严格，所以加工难度较大。为保证配合后换向间隙的

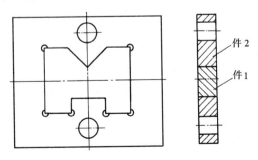

图 6 – 34　V 形台阶锉配工件

要求，故加工 V 台时一定要通过测量，严格控制对称度。首先加工 V 台作为基准件（件一），通过试配加工的方法加工与之相配合的件二。

（2）两件的其他加工精度也要严格保证，包括尺寸精度、角度精度、平面度、平行度、垂直度等。

3．加工步骤及方法

（1）加工件一见图 6 - 35。

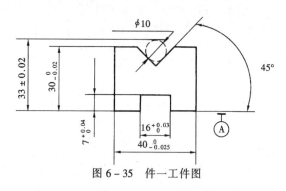

图 6 - 35　件一工件图

1）加工外形尺寸：根据图样要求，首先锉削加工件一的外形尺寸 40mm×30mm，保证尺寸精度及平行度要求，各面平面度也应满足技术要求且相互垂直。

2）划线粗加工直槽：根据图样尺寸划出 16mm×7mm 直槽加工线，沿加工线打出排孔，然后锯割去除材料（俗称抽料）。

3）加工槽底尺寸：粗锉各加工表面，留出合理精加工余量（0.1～0.2mm）并清角，使用修磨过安全边的锉刀加工槽底面至尺寸，可利用外形对面作为测量基准控制尺寸，也可利用深度百分尺直接控制尺寸。

4）加工槽宽尺寸、清角：锉削加工槽两侧面，在加工过程中注意尺寸与对称度的控制。因此槽两侧面距外形面尺寸 $\left(\dfrac{40-16}{2}\right)$ 在保证尺寸精度的前提下，应尽可能的相等（通过尺寸间接控制对称度）。在加工尺寸的同时清角。

5）划线加工 V 形槽。

首先计算 V 形槽划线尺寸（见图 6 - 36）：

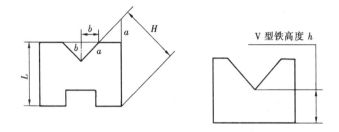

图 6 - 36　V 形槽划线尺寸的计算

由件一图样可知：

设检验圆柱销半径为 r，根据下列公式计算出 H 值。

$$b = L - （33 - r - r/\sin45°）$$

$$a = 40/2 - b$$

$$H = （L + a）\times \sin45°$$

然后利用 V 形铁进行划线，将工件放置在 V 形铁上按 $H + h$ 尺寸进行划线，即可划出 V 形槽加工线（见图 6 - 37）。

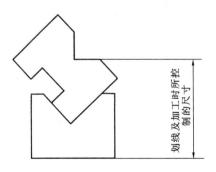

图 6 - 37　V 形槽划线及测量控制尺寸

锉削加工 V 形槽两侧面，达到尺寸（加工控制尺寸与划线计算尺寸相同）与形位公差要求并及时清角，两尺寸应尽可能相等，以保证对称度要求。

加工 V 形槽时也可利用正弦规配合百分表进行检测对称度。

（2）加工件二见图 6－38。

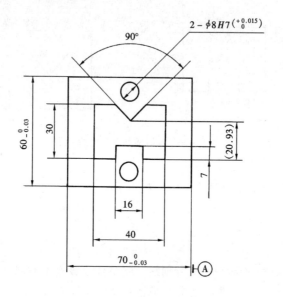

图 6－38　件二工件图

1）加工件二的外形尺寸，控制尺寸精度 $70_{-0.03}^{0} \times 60_{-0.03}^{0}$ 及各加工表面形状、位置公差，使其达到规定的技术要求。

2）钻出铰孔底孔 $\phi7.8$，再利用机铰刀或手铰刀精加工孔，保证铰孔精度要求。

3）通过计算划出件二各加工线。

4）去除材料（俗称抽料）：首先在件二上打出五个 $\phi8$ 的抽料孔。（如图 6－39 所示），然后利用锯割的方法将料抽去（抽料所用锯条需磨窄）。

5）加工件二的内部形面并清角：以件一作为基准件，根据其实际加工精度，来锉削加工件二的内形表面。在加工过程中我们应注意：第一，能够通过测量控制的各个尺寸尽量通过测量进行控制；第二，加工中要及时测量各面的平面度、垂直度及可测

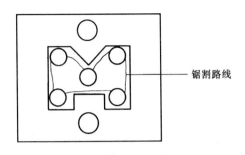

图 6 - 39　件二抽料图

量的平行度；第三，为保证 V 槽的对称度，加工过程中可利用 V 形铁与百分尺组合进行检测，也可利用正弦规配合百分表进行检测；第五，加工 16mm 凸台时也要控制好对称度及尺寸；第六，注意各表面的加工顺序，与外表面有平行关系的内表面可优先加工，V 形凸台可放在最后加工。

6）配锉。通过透光法或涂色法检查配合情况，如不能配入，要根据透光或显点的情况进行修整。

（二）45°槽对配

1. 工件图（见图 6 - 40）

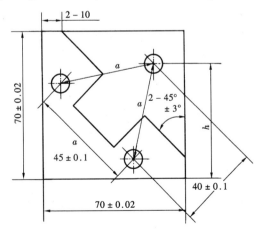

图 6 - 40　45°槽对配工件

2．图样分析

对图6-40所示的图样进行分析，此工件在加工过程中应注意以下几点：

（1）此工件为开放式配合，形状复杂，工件上有对称度要求，加工难度较大，为保证配合后换向间隙的要求，故加工45°槽及凸台时一定要通过测量，严格控制对称度。

（2）两件的其他加工精度也要严格保证，包括尺寸精度、角度精度、平面度、平行度、垂直度等。

3．加工步骤及方法

（1）加工件一。

1）加工外形尺寸：根据图纸要求，首先利用锉削的方法加工件一的外形尺寸 60mm × 60mm，保证尺寸精度及平行度要求，各面平面度也应满足技术要求且相互垂直。

2）根据图6-41件一的要求进行划线：

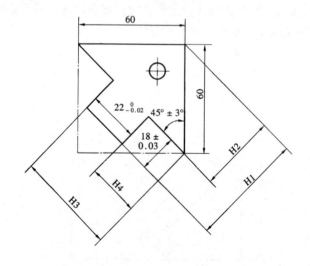

图6-41　件一工件图

首先进行计算：

$$H1 = 60 \times \sin45° + 18$$

$$H2 = 60 \times \sin45°$$
$$H3 = 60 \times \sin45° + 22/2$$
$$H4 = 60 \times \sin45° - 22/2$$

根据计算结果，利用平板，方箱，V形铁，高度尺等划线工具将计算得出的尺寸反映在工件表面上。

3）加工各表面：首先利用锯割的方法去掉工件上一侧的多余部分。然后根据计算的具体尺寸进行锉削加工（测量、控制尺寸时配合V形铁进行）。一侧加工完成后，再去除另外一侧多余材料，按同样方法进行加工。加工完成时，两侧测得尺寸应尽可能的相等，否则无法保证其对称度要求，配合件将达不到换向配合的要求。加工过程中还要注意及时清角。

（2）加工件二。

1）加工外形尺寸：根据图纸要求，首先利用锉削的方法加工件二的外形尺寸 70mm×70mm，保证尺寸精度及平行度要求，各面平面度也应满足技术要求且相互垂直。

2）根据图 6-42 件二的要求进行划线：

首先进行计算：

$$h_1 = （70 + 10）\times \sin45°$$
$$h_2 = （70 + 10）\times \sin45° - 18$$
$$h_3 = 70 \times \sin45° + 22/2$$
$$h_4 = 70 \times \sin45° - 45/2$$

根据计算结果，利用平板，方箱，V形铁，高度尺等划线工具将计算得出的尺寸反映在工件表面上。

3）加工各表面：首先利用钻排孔与锯割配合的方法去掉工件上的多余部分。然后根据计算的具体尺寸进行锉削加工（测量、控制尺寸时配合V形铁进行）。加工完成时，两侧测得尺寸应尽可能的相等，否则无法保证其对称度要求，配合件将达不到换向配合的要求。加工过程中还要注意及时清角。

4）配锉：通过透光法或涂色法检查配合情况，如不能配入，

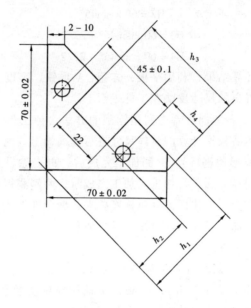

图 6 - 42 件二工件图

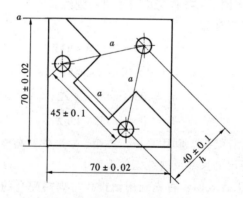

图 6 - 43 45°槽对配钻孔划线

要根据透光或显点的情况进行修整。

5）钻孔：首先根据图 6 - 43 钻孔划线尺寸 45 ± 0.1、40 ± 0.1，孔均布要求 $h = h = h$，$a = a = a$，及件二加工时求得的 h4

尺寸，以件二上的孔为基准划线（注意：只有两零件配合在一起达到规定技术要求后方可进行划线）。然后选用合适的钻头和绞刀将孔加工完成。

操作训练 13　锉配四方体练习

1. 训练要求

（1）正确选用锉刀，锉削操作姿势正确，动作规范；

（2）掌握加工排孔的方法及清角的方法；

（3）初步掌握锉配加工工艺的编制；

（4）理解尺寸公差、形状及位置公差的含义及其测量、控制方法；

（5）锉配工件达到图样技术要求。

2. 工具、量具、辅具

扁锉、方锉、标准麻花钻头、扁錾、锯弓、锯条、刀口尺、直角尺、游标高度尺、游标卡尺、外径百分尺、划线工具和软质钳口垫铁等。

3. 备料

$61mm \times 61mm \times 10mm$（45钢）一件；$31mm \times 31mm \times 10mm$（45钢）一件。

4. 工件图（见图6-44）

技术要求：

（1）件1与件2形状与位置公差要求相同；

（2）定向配合间隙小于0.08mm；

（3）不允许加工清角孔或清角槽。

5. 训练安排

（1）加工件1：

1）锉削两互相垂直的基准面，达到平面度、垂直度要求；

2）锉削两基准面对面，达到尺寸、平面度、垂直度、平行度要求。

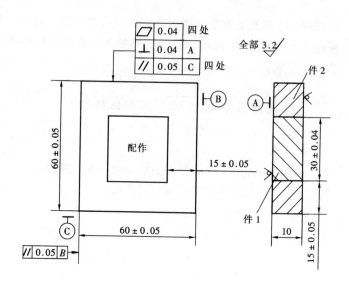

图 6-44 四方体锉配工件图

（2）加工件 2：

1）锉削基准面 B、C 两面，达到平面度、垂直度要求；

2）锉削两基准面对面，达到尺寸、平面度、垂直度、平行度要求；

3）划出内四方孔的加工线，用 φ3 钻头钻出相切的排孔，并用扁錾将多余材料錾掉，如图 6-45 所示；

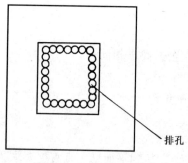

图 6-45 用钻排孔的方法去除材料

4）粗锉四方孔内各表面，均留 0.1～0.2mm 精加工余量；

5）精加工与 B、C 两基准面有尺寸要求的内表面，达到尺寸、平面度、平行度、垂直度要求，并注意清角。

（3）锉配：

1）在工件上做好标记，保证定向配合；

2）锉削加工一组对边尺寸，并将件一纵向试配，见图 6 - 46，保证配合间隙，同时注意清角；

3）锉削加工另一组对边尺寸，同样用件一纵向试配，保证配合间隙，同时注意清角；

4）将件 1 定向与件 2 试配，通过透光法或涂色法进行检查，根据透光情况或研点情况修锉局部高点，直至两件达到规定的配合要求。

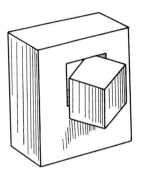

图 6 - 46　试配的方法

复习题

一、判断题

1. 圆锉、方锉的尺寸规格是以锉身长度来表示的。　（　　）

2. 双齿纹锉刀面齿纹与底齿纹角度一样，齿距相同，锉削时锉痕交错，锉面光滑。　（　　）

3. 除什锦锉刀以外的锉刀都应该加装锉刀柄后方可使用。　（　　）

4. 锉削时，一般锉削速度控制在 70 次/min 左右较为适宜。　（　　）

5. 锉削精度可高达 0.01mm，表面粗糙度可达 $R_a0.8\mu m$。　（　　）

6. 当加工余量在 1mm 以上时，应采用中齿锉刀进行加工。　（　　）

7. 试配锉配时，如果没有特殊要求，基本加工顺序是先加工凸件，后加工凹件。　（　　）

二、选择题

1. 双齿纹锉刀适用于锉削（　　）材料。

（1）软；（2）硬；（3）中等硬度。

2．锉削软材料时应使用（　　）锉刀。

（1）粗齿；（2）细齿；（3）双细。

3．锉削工件时，应注意锉刀的平衡，在前进（切削）过程中，后手的压力应（　　）。

（1）逐渐加大；（2）逐渐减小；（3）保持不变。

4．锉刀通常是用碳素工具钢制成，并经热处理，常用的锉刀材料牌号是（　　）。

（1）T7；（2）T10；（3）T12。

三、问答题

1．什么叫锉削？锉削用于哪些场合？

2．简述锉刀的选用原则。

3．锉削时，工件的夹持有哪些要求？

4．什么叫锉配？锉配的种类有哪些？

5．简述试配锉配的基本加工方法。

第七章

钻孔、扩孔、锪孔与铰孔

第一节 钻 孔

一、钻孔及其应用

用钻头在工件实体部分加工出孔的操作称为钻孔，见图7 – 1。钻孔由两种运动组成：

（1）切削运动。即钻头围绕轴线作旋转运动。

（2）进给运动。即钻头沿轴线作直线运动，使切削得以连续进行。

任何一部机器或设备，没有孔是不可能装配起来的。钻孔的应用如图7 – 2所示。

二、钻头

钻头是钻孔用的切削刀具。钻头的种类较多，其中以麻花钻应用最为普遍。

1. 麻花钻及其各部分的名称和作用

麻花钻（见图7 – 3）一般用高速钢制成，其各部分的名称和作用如下：

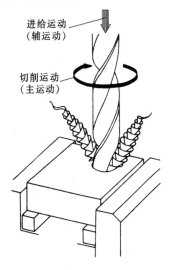

进给运动（辅运动）

切削运动（主运动）

图7 – 1 钻孔

（1）柄部。柄部是钻头的装夹部位,钻头有直柄和锥柄两种。一般直径小于13mm 的钻头制成直柄,直径大于13mm 的制成锥柄。

（2）颈部。颈部位于工作部分与柄部之间。在颈部标有钻头的规格和标号。

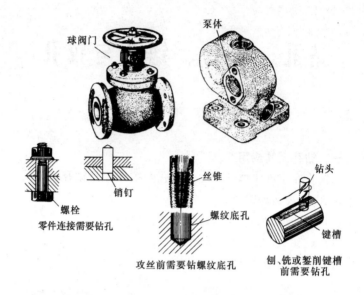

图 7-2　钻孔的应用

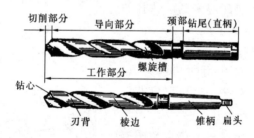

图 7-3　麻花钻的构造

（3）工作部分。工作部分包括导向部分和切削部分。

导向部分由两条对称的螺旋槽（排屑槽）和棱边（刃带）组成。螺旋槽的作用：使钻头形成切削刃；排除钻屑和输送冷却润滑液。棱边的作用是在钻孔过程中引导方向，修光孔壁。为了减少钻头与孔壁间的摩擦，钻头导向部分的直径略有倒锥，一般倒锥量为（0.03～0.12）mm/100mm。

麻花钻的切削部分主要由两个前刀面、两个后刀面、两条主切削刃和一条横刃组成，见图7-4，其作用是担负主要切削工作。

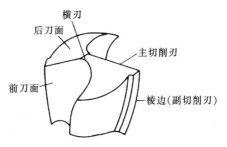

图7-4 麻花钻的切削部分

2. 标准麻花钻头的三个辅助平面与主要几何角度

(1) 标准麻花钻的三个辅助平面。

为了较清楚地了解麻花钻的主要几何角度，必须建立三个空间位置的辅助平面（见图7-5）：

1) 切削平面。在主切削刃上任意一点的切削平面是通过该点并与工件加工表面相切的平面。

2) 基面。主切削刃上任意一点的基面是通过该点并垂直于该点切削速度（v）方向的平面。

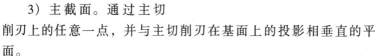

图7-5 麻花钻的辅助平面

3) 主截面。通过主切削刃上的任意一点，并与主切削刃在基面上的投影相垂直的平面。

由于主切削刃不在钻头的径向线上，因此切削刃上各点切削速度的方向不同，故各点的基面也各不相同（见图7-6）。

（2）主要几何角度。

1）顶角 2φ。顶角又称为锋角，是两条主切削刃在与其平行且通过钻心的平面上投影的夹角。顶角 2φ 应根据不同材料进行合理选择，并在钻头刃磨时磨出。出厂时，标准麻花钻的顶角为 $118° \pm 2°$（见图 7 - 7）。

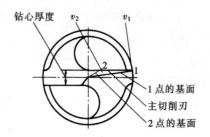

图 7 - 6　切削刃上不同点的基面

图 7 - 7　顶角

2）前角 γ。在主截面 $N - N$ 内，前刀面与基面之间的夹角即前角（见图 7 - 8）。在主切削刃上，各点的前角大小不同。钻头外缘处的前角最大（30°左右），越靠近钻心越小，在接近横刃处 $\gamma = -30°$。前角与螺旋角有关，螺旋角越大，前角也越大。

前角的大小决定着切除材料的难易程度和切屑在前刀面的摩擦阻力大小。前角越大，切削越省力，但刃口强度降低，易发生扎刀。前角减小，刃口强度增加，但增大了切削力（见图7 - 9）。

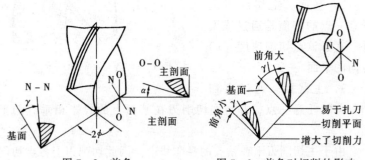

图 7 - 8　前角

图 7 - 9　前角对切削的影响

3）后角 α_0（见图 7 - 10）。切削刃上各点的后角，是钻头后刀面与切削平面之间的夹角。切削刃上各点的后角不相等，即外小内大。通常所说的后角是指麻花钻外缘处的后角。刃磨后角时，应根据不同的材料和钻头直径的大小确定后磨出。一般直径小于 15mm 的钻头，$\alpha_0 = 10° \sim 14°$；直径为 $15 \sim 30mm$ 的钻头，$\alpha_0 = 9° \sim 12°$。

4）横刃斜角 ψ（见图 7 – 11）。横刃斜角是横刃与主切削刃在钻头端面投影的夹角。横刃斜角的大小与后角和顶角的大小有关。后角刃磨正确的标准麻花钻 $\psi = 50° \sim 55°$。

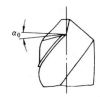
图 7 – 10　后角

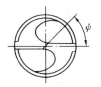
图 7 – 11　横刃斜角

3．标准麻花钻头刃磨

（1）刃磨的目的：

1）将用钝的钻头磨削锋利；

2）使损坏的切削部分恢复正确的几何角度；

3）针对标准麻花钻结构上的缺点进行修磨。

（2）刃磨的要求：

刃磨后的麻花钻应达到以下要求：

1）顶角 2ψ、后角 α_0 和横刃斜角 ψ 准确、合理。钻削不同材料时，顶角和后角的选择见表 7 – 1。

表 7 – 1　　　　麻花钻头顶角和后角的选择

钻孔材料	顶角 2ψ	后角 α_0
一般钢铁材料	116° ~ 118°	12° ~ 15°
一般韧性钢铁材料	116° ~ 118°	6° ~ 9°
铜和铜合金	110° ~ 130°	10° ~ 15°
铝合金	90° ~ 120°	12°
软铸铁	90° ~ 118°	12° ~ 15°
硬铸铁	118° ~ 135°	5° ~ 7°
高速钢	135°	5° ~ 7°
木材	70°	12°

2）两主切削刃长度相等且对称。

3）两后刀面光滑。

（3）刃磨方法：

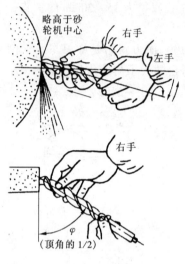

图 7-12 麻花钻头的刃磨方法

刃磨标准麻花钻时，钻头的刃磨部位主要是两个后刀面。其刃磨方法如图 7-12 所示，右手握住钻头前端缓慢地绕其轴线转动，并施加适当的刃磨压力；左手握住钻头柄部，配合右手缓慢地作上下摆动。

刃磨要领

钻刃水平轮面靠，

钻体左斜出顶角，

由刃向背磨后面，

上下摆动尾别翘。

（4）注意的问题：

1）左手向上或向下摆动的速度及幅度，应根据所需要的后角大小和钻头直径的大小而变化。

2）两手动作的配合要协调。若钻头的切削刃先触及砂轮，那么右手向上转动，左手向下摆动；若钻头后刀面的下部先触及砂轮，则右手向下转动，左手向上摆动。

3）刃磨时压力不要过大，并要经常蘸水冷却，以防切削刃退火。

（5）刃磨后的检验。

刃磨后的检验方法有三

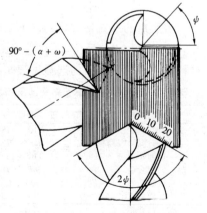

图 7-13 样板检验法

种：

1）采用样板检验。采用样板检验的方法见图 7 – 13。

2）采用目测检验。采用目测检验的具体方法是：把钻头切削部分向上竖立，两眼平视，观察两主切削刃是否对称。观察时，由于两主切削刃一前一后会产生视差（感到左刃高，右刃低），因此，应将钻头旋转 180°后反复观察几次。若每次观察的结果相同，则说明两主切削刃是对称的。钻头外缘处后角的检验，可直接目测外缘处靠近刃口部分后刀面的倾斜情况。

3）通过试钻检验。通过试钻试验的方法及要求见图 7 – 14。

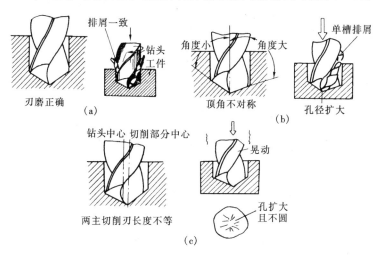

图 7 – 14　试钻检验法

（a）刃磨正确；（b）顶角不对称；（c）切削中心偏离钻头中心

4．标准麻花钻头的缺点

（1）横刃较长，横刃处前角为负值。在切削过程中，横刃处于挤刮状态，钻头轴向力大，易抖动，定心不良。同时，产生的热量大。

（2）主切削刃上各点的前角不一样，致使各点的切削性能不同。由于靠近钻心处的前角是负前角，故切削性能差，易磨

153

损。

（3）棱边上副后角为零，棱边与孔壁直接摩擦，易发热、磨损。

（4）主切削刃长、切屑较宽。因此，切屑卷曲后所占的空间就大，容易堵塞排屑槽。

5. 标准麻花钻头的修磨

针对标准麻花钻存在的缺点、对钻头进行修磨，可以大大提高其切削性能。

（1）修磨前刀面。将螺旋槽外缘处前刀面磨去一块，见图 7 – 15（a）中阴影部分，使此处前角减小，以提高刃口强度。加工软材料时，可将靠近横刃处的前角磨大，见图 7 – 15（b）阴影部分，可使此处刀刃锋利。

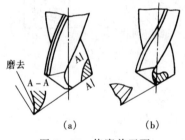

（a）　　　　（b）

图 7 – 15　修磨前刀面

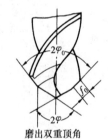

图 7 – 16　修磨主切削刃

（2）修磨主切削刃（见图 7 – 16）。修磨主切削刃的方法是磨出第二顶角 $2\varphi_0$，即在外缘处磨出过渡刃。这样可以增加切削刃的总长度和刀尖角 ε，从而增加刀齿强度，改善散热条件，使切削刃与棱边交角处的抗磨性高，延长了钻头的使用寿命，同时也有利于减小孔壁的表面粗糙度值。

一般 $2\varphi_0 = 70° \sim 75°$，$f_0 = 0.2D$。

（3）修磨横刃。为了减小轴向抗力，提高钻头的定心作用和切削的稳定性，改善切削性能，可将钻头的横刃磨短。一般修磨后的横刃长度 b 为原来横刃长度的 1/3 - 1/5，其修磨后的形状见图 7 – 17。

三、钻孔机具

1.常用钻孔机具

钳工经常使用的钻孔机具有台式钻床、立式钻床、摇臂钻床和手电钻等。

（1）台式钻床。台式钻床简称台钻，是安放在台案上的小型钻床。一般钻孔直径不大于 12mm，其结构如图 7 - 18 所示。

（2）立式钻床。立式钻床简称立钻，按其钻孔最大直径分为 18、25、

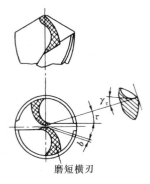

图 7 - 17 修磨横刃

35、40mm 和 50mm 几种。立钻的结构如图 7 - 19 所示。

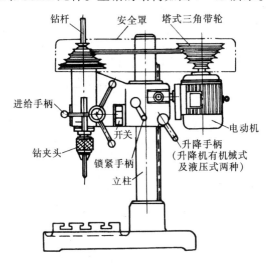

图 7 - 18 台式钻床

（3）摇臂钻床。摇臂钻床简称摇臂钻。摇臂钻适用于加工大型工件和多孔工件，其结构如图 7 - 20 所示。

（4）手电钻。手电钻（见图 7 - 21）常用在不便于使用钻床钻孔的地方。其优点是携带方便，使用灵活，操作简单。手电钻有单相（电压为 220V）和三相（电压为 380V）两种。

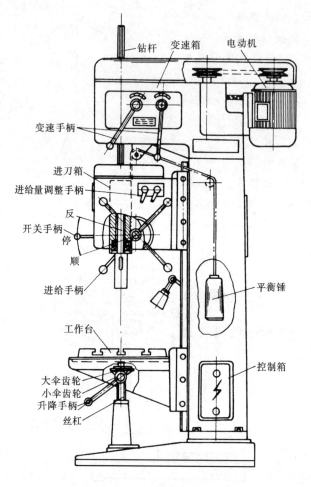

图 7 – 19　立式钻床

2. 台钻和立钻的一般使用方法

（1）开关的操纵控制。钻床上的启动开关能使电动机启动或停止。钻孔时主轴应正转（顺时针方向转动），否则钻头不起切削作用。

（2）主轴变速机构的调整。台钻的转速是通过装在电动机及钻床主轴上的塔轮和三角带改变的。因此，调整三角带在塔轮上

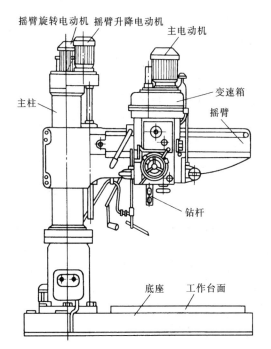

图 7 - 20 摇臂钻床

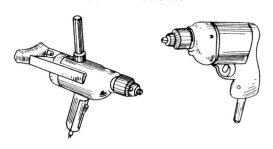

图 7 - 21 手电钻

的位置即可调整台钻的转速。立钻和摇臂钻床的转速是通过主轴变速箱中的齿轮改变的。调整时，按照机床的变速标牌调整手柄的位置，就能得到不同的转速。调整主轴变速机构时，必须先停车，后变速。

（3）进给机构的操纵。一般简易钻床主轴的进给运动由手操纵进给手柄控制。装有自动进给装置的钻床，只要调整进给手柄即可自动进给。这类钻床既可以手动进给，也可以机动进给。

（4）台钻头架的升降。目前台钻头架的升降有机械（丝杆、牙条）升降装置与液压升降装置两种，其升降方法详见产品说明书。对无升降装置的头架作升降调整时，应在松开锁紧装置前，将头架做好支承，以防滑落发生事故。

（5）立钻工作台的升降。工作台的升降只需摇动升降手柄即可调整工作台的高低位置，见图 7 – 19。

四、钻孔步骤和方法

钻孔方法一般有划线钻孔、配钻钻孔和模具钻孔三种。本章主要介绍划线钻孔的方法。

1．工件划线

钻孔前对工件划线的步骤［见图 7 – 22（a）］如下：

（1）划出孔径的十字中心线；

（2）打上中心样冲眼；

（3）按孔径划圆并打上样冲眼；

（4）将中心样冲眼重打（加大），便于落钻定心。

如钻直径较大的孔时，可同时划出几个大小不等的同心圆或方格，便于在试钻时及时纠正偏心。这些圆又称检查圆，方格称为检查方格，划线方法如图 7 – 22（b）和（c）所示。

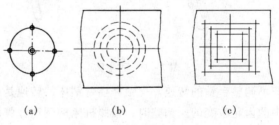

（a）　　　　　（b）　　　　　（c）

图 7 – 22　孔位划线形式

（a）划线步骤；（b）检查圆；（c）检查方格

2．钻头的装夹

钻头是通过专用工具钻夹头或钻套（也称钻库）安装在钻床主轴锥孔内。钻夹头是用来夹持直柄钻头的夹具，其结构和使用方法见图 7 - 23。钻套则是专门用来套装锥柄钻头的夹具，见图 7 - 24。钻套的规格及其应用见表 7 - 2。钻套的使用方法见图 7 - 25。钻套装好后，在钻头下面放一垫铁，然后用力下压进给手柄，将钻头装紧，方可起钻。

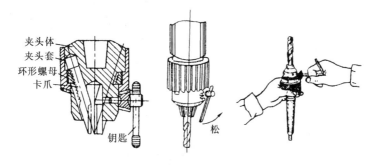

图 7 - 23　钻夹头的结构及使用

表 7 - 2　　　　　　　　钻套的规格及其应用

套　筒	内锥孔	外锥圆	适用钻头直径（mm）
1 号	1 号莫氏锥度	2 号莫氏锥度	≤15.5
2 号	2 号莫氏锥度	3 号莫氏锥度	15.6 ~ 23.5
3 号	3 号莫氏锥度	4 号莫氏锥度	23.6 ~ 32.5
4 号	4 号莫氏锥度	5 号莫氏锥度	32.5 ~ 49.5
5 号	5 号莫氏锥度	6 号莫氏锥度	49.6 ~ 65

3．工件的夹持

为了保证钻孔质量和钻孔工作的安全，应采用合理的方法夹持工件。常用的夹具有夹持方法如图 7 - 26 所示。

4．钻床转速的选定

钻床主轴转速（即钻床转速）和进给量与钻孔切削用量有关（切削用量包括切削速度、进给量和切削深度三要素）。钻孔实践

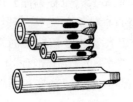

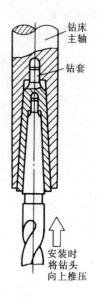

钻床
主轴

钻套

安装时
将钻头
向上推压

图 7-24 钻套

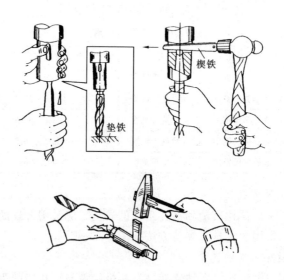

垫铁

楔铁

图 7-25 钻套的使用方法

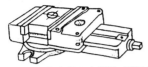

平口虎钳是钻床的配套附件,属通用型夹具,可满足一般小型工件的夹持。钻通孔时,应在工件下面垫上垫铁,以防钻坏虎钳。钻孔直径大于 12mm 时需用螺栓将虎钳固定在工作台上

圆柱形工件用 V 形铁进行夹持

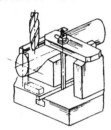

钻孔直径大于 10mm 时,要用压板压紧工件。钻孔前用角尺对工件进行找正

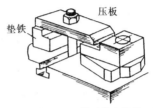

异形工件,较大的工件及钻大孔的工件,须将工件用螺栓压在工作台上。压紧螺栓尽量靠近工件,垫铁高度应比工件稍高,以保证压板对工件有较大的紧力

在圆柱端面钻孔,可用三爪卡盘夹持

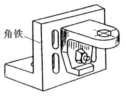

加工基面在侧面的异形工件,可用角铁进行装夹,角铁须用螺栓紧固在工件台上

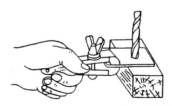

在小工件或薄板上钻孔时,须用手虎钳夹持进行钻孔,并在工件下面垫上垫木(钻穿孔)垫木应用虎钳夹持

错误作法

严禁用手拿持工件进行钻孔作业,这样操作非常危险,极易发人身事故

图 7 – 26　工件的夹持方法

证明，切削用量的大小应根据工件材料、钻头直径和钻头材料合理选定。其选定的一般原则是：钻小孔时，转速高些，进给量小些；钻大孔时，转速低些，进给量适当大些。钻孔工件材料硬时，转速低些，进给量小些；工件材料软时，转速可高些，进给量可大些。应注意的是，在硬材料上钻小孔时，应适当减低转速。

通常，确定钻床速度的方法有以下三种。

（1）公式计算法。钻床转速可由下列公式得出：

$$v = \frac{\pi D n}{1000}$$

$$n = \frac{1000 v}{\pi D}$$

式中　　v——切削速度，m/min；

　　　　D——钻头直径，mm；

　　　　n——钻床主轴转速，r/min。

式中的切削速度 v 是钻孔时钻头主切削刃外缘上一点的线速度，可查阅表 7 – 3。

表 7 – 3　　　　　　　　高速钢标准麻花钻的切削速度

加工材料	硬度 HB	切削速度 v（m/min）
低碳钢	100 ~ 125	27
	125 ~ 175	24
	175 ~ 225	21
中、高碳钢	125 ~ 175	22
	175 ~ 225	20
	225 ~ 275	15
	275 ~ 325	12
合金钢	175 ~ 225	18
	225 ~ 275	15
	275 ~ 325	12
	325 ~ 375	10

加工材料	硬度 HB	切削速度 v（m/min）
灰铸铁	100～140	33
	140～190	27
	190～220	21
	220～260	15
	260～320	9
可锻铸铁	110～160	42
	160～200	25
	200～240	20
	240～280	12
球墨铸铁	140～190	30
	190～225	21
	225～260	17
	260～300	12
铸钢	低碳	24
	中碳	18～24
	高碳	15
铝合金、镁合金		75～90
铜合金		20～48
高速钢	200～250	13

（2）查曲线图法。图 7 - 27 是根据工件材料的硬度值绘制的钻头直径与转速关系的曲线图。在钻头直径和工件材料确定以后，即可在曲线图上查出钻床转速。

（3）查表法。表 7 - 4 和表 7 - 5 为钻孔切削用量表，在这两个表中可直接查出钻床转速。

5. 进给量的选定

进给量也是切削用量之一，它是指钻头每转一周向下移动的轴向距离（mm/r）。选择切削用量的目的是在保证加工精度、表面粗糙度及钻头耐用度的前提下，尽量选取较大的切削用量，使生产效率提高。选择高速钢标准麻花钻的进给量时可参阅表 7 - 6。

加工材料			深径比 L/D	切削用量
碳 钢（10，15，20，35，40，45，50 等）	合 金 钢（40Cr，38CrSi，60Mn，35CrMo，18CrMnTi 等）	其他钢		
正 火 HB < 170 或 δ_b < 558.4 MPa	HB < 143 或 δ_b < 490.3 MPa	易 切 钢	≤3	进给量 S（mm/r）切削速度 v（m/min）转速 n（r/min）
			3～8	进给量 S（mm/r）切削速度 v（m/min）转速 n（r/min）
HB = 170～229 或 δ_b = 588.4～784.5 MPa	HB = 143～207 或 δ_b = 490.3～686.4 MPa	碳素工具钢、铸钢	≤3	进给量 S（mm/r）切削速度 v（m/min）转速 n（r/min）
			3～8	进给量 S（mm/r）切削速度 v（m/min）转速 n（r/min）
HB = 229～285 或 δ_b = 784.5～980.7 MPa	HB = 207～255 或 δ_b = 686.4～882.6 MPa	合金工具钢、易切不锈钢、合金铸钢	≤3	进给量 S（mm/r）切削速度 v（m/min）转速 n（r/min）
			3～8	进给量 S（mm/r）切削速度 v（m/min）转速 n（r/min）
HB = 285～321 或 δ_b = 980.7～1176.8 MPa	HB = 255～302 或 δ_b = 882.6～1078.7 MPa	奥氏体不锈钢	≤3	进给量 S（mm/r）切削速度 v（m/min）转速 n（r/min）
			3～8	进给量 S（mm/r）切削速度 v（m/min）转速 n（r/min）

注　1　钻头平均耐用度 90min；

　　2　当钻床和刀具刚性低，钻孔精度要求高和钻削条件不好时，应适当降低进

切 削 用 量

直 径 *D* （mm）								
8	10	12	16	20	25	30	35	40~60
0.24	0.32	0.40	0.5	0.6	0.67	0.75	0.81	0.9
24	24	24	25	25	25	26	26	26
950	760	640	500	400	320	275	235	—
0.2	0.26	0.32	0.38	0.48	0.55	0.6	0.67	0.75
19	19	19	20	20	20	21	21	21
750	600	500	390	300	240	220	190	—
0.2	0.28	0.35	0.4	0.5	0.56	0.62	0.69	0.75
20	20	20	21	21	21	22	22	22
800	640	530	420	335	270	230	200	—
0.17	0.22	0.28	0.32	0.4	0.45	0.5	0.56	0.62
16	16	16	17	17	17	18	18	18
640	510	420	335	270	220	190	165	—
0.17	0.22	0.28	0.32	0.4	0.45	0.5	0.56	0.62
16	16	16	17	17	17	18	18	18
640	510	420	335	270	220	190	165	—
0.13	0.18	0.22	0.26	0.32	0.36	0.4	0.45	0.5
13	13	13	13.5	13.5	13.5	14	14	14
520	420	350	270	220	170	150	125	—
0.13	0.18	0.22	0.26	0.32	0.36	0.4	0.45	0.5
12	12	12	12.5	12.5	12.5	13	13	13
480	380	320	250	160	160	140	120	—
0.12	0.15	0.18	0.22	0.26	0.3	0.32	0.38	0.41
11	11	11	11.5	11.5	11.5	12	12	12
440	350	290	230	185	145	125	110	—

给量。

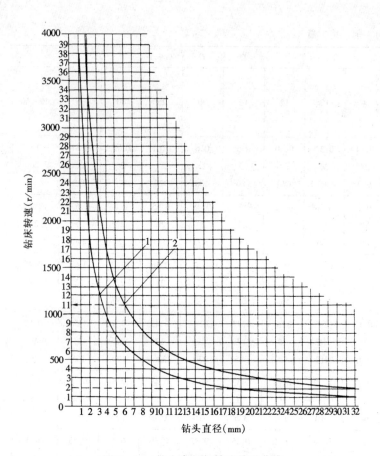

图 7 – 27　钻头直径与转速关系曲线

注　1　该曲线适用于手进给。

　　2　使用的钻头为高速钢标准麻花钻。

　　3　钻钢件时，必须用冷却液。

　　曲线 1：切削速度为 12m/min，适用于硬度值为 HB240～300 的钢材、生铁铸件。

　　曲线 2：切削速度为 21m/min，适用于硬度值为 HB170～220 的钢材、铜材、生铁铸件。

　　例 1：钻孔直径 $\phi6$，工件为灰口铸铁（HB175）。查曲线图，$\phi6$ 与曲线 2 的交点，相对应的转速为 1100r/min。

　　例 2：钻孔直径 $\phi18$，工件为中碳钢（HB250）。查曲线图，$\phi18$ 与曲线 1 的交点，相对应的转速为 200r/min。

表 7-5　　铸　铁　钻　孔　切　割　用　量

加工材料		深径比 L/D	切削用量	直径 D (mm)								
灰铸铁	可锻铸铁·锰铸铁			8	10	12	16	20	25	30	35	40~60
HB=143~229 (HT10-26, HT15~33)	可锻铸铁 HB≤229	≤3	进给量 S(mm/r) 切削速度 v(m/min) 转速 n(r/min)	0.3 20 800	0.4 20 640	0.5 20 530	0.6 21 420	0.75 21 335	0.81 21 270	0.9 22 230	1 22 200	1.1 22 —
		3~8	进给量 S(mm/r) 切削速度 v(m/min) 转速 n(r/min)	0.24 16 640	0.32 16 510	0.4 16 420	0.5 17 335	0.6 17 270	0.67 17 220	0.75 18 190	0.81 18 165	0.9 18 —
HB=170~269 (HT20~ 40以上)	可锻铸铁 HB=179~270 锰铸铁	≤3	进给量 S(mm/r) 切削速度 v(m/min) 转速 n(r/min)	0.24 16 640	0.32 16 510	0.4 16 420	0.5 17 335	0.6 17 270	0.67 17 220	0.75 18 190	0.81 18 165	0.9 18 —
		3~8	进给量 S(mm/r) 切削速度 v(m/min) 转速 n(r/min)	0.2 13 520	0.26 13 420	0.32 13 350	0.38 14 270	0.48 14 220	0.55 14 170	0.6 15 150	0.67 15 125	0.75 15 —

注　1　钻头平均耐用度为120min;
　　2　应使用乳化液冷却;
　　3　当钻床和刀具刚性低、钻孔精度要求高和钻削条件不好时(如倾斜表面、带铸造黑皮),应适当降低进给量。

表 7 - 6 高速钢标准麻花钻的进给量

钻头直径 D（mm）	< 3	3 ~ 6	6 ~ 12	12 ~ 25	> 25
进给量 S（mm/r）	0.025 ~ 0.05	0.05 ~ 0.10	0.10 ~ 0.18	0.18 ~ 0.38	0.38 ~ 0.62

6．试钻

钻孔时，先将钻头对准中心样冲眼钻一浅窝（约为孔径的1/4），然后观察所钻浅窝是否与划线圆同心。如发现偏心，应及时借正。常用的借正方法有以下几种：

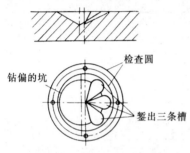

钻偏的坑

检查圆

錾出三条槽

图 7 - 28　孔钻偏时的借正方法

（1）用小钻头试钻时若发生了偏心，可用样冲重新冲出中心眼（中心眼要冲大）。

（2）用大钻头试钻时若发生了偏心，应采用锪钻借正，或用尖錾将偏心多余部分剔去后，再用样冲重新冲出中心眼，见图 7 - 28。

（3）钻出的锥窝不深且偏心程度轻微时，可用手在钻削的同时（不进钻），将工件向偏心的方向推移，达到逐步借正。

无论采用何种方法借正，都必须在试钻的浅窝未达到钻孔直径前完成借正工作，满足孔的位置要求。

7．手进给操作

试钻以后，便可进行钻孔。用手进给的操作要领是：

（1）用手进给时，进给力不可过大，否则会造成钻头弯曲、孔径歪斜或钻头折断。

（2）钻小孔或深孔时，要及时退钻排屑，以免切屑堵塞折断钻头。一般每当钻头钻进深度约达孔径的三倍时，应退钻排屑一次。

（3）孔将要钻穿时，必须减小进给力，以防钻头折断或使工件转动造成事故。

8．冷却润滑液的使用

钻头在切削过程中会发生大量的切削热，使钻头的温度升高，造成切削刃损坏，甚至退火，从而降低或丧失切削能力。所以，钻孔时应向钻头工作部分注入冷却润滑液，延长其使用寿命。同时，冷却润滑液还可以冲走切屑，润滑孔壁，提高钻孔质量和工作效率。冷却润滑液的使用应根据钻孔材料选择。钻钢件时，可选用3%～5%的乳化液或机油；钻铸铁时，一般不加冷却润滑液或用5%～8%乳化液连续加注。

9. 几种钻孔方法介绍

（1）钻半圆孔。钻半圆孔的方法见图7-29。

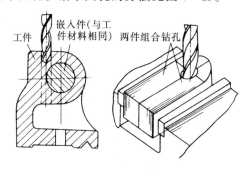

图7-29　钻半圆孔

（2）在斜面上钻孔。在斜面上钻孔的方法见图7-30。先錾出或铣出一个与钻头相垂直的平面后再钻孔，见图7-30（a）；用中心钻钻一锥坑后再钻孔，见图7-29（b）；先将工件置于水平位置，装夹后在孔中心钻一浅坑，然后去掉垫铁，再钻孔，见

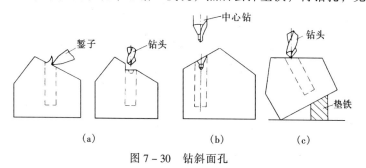

（a）　　　　　　（b）　　　　　　（c）

图7-30　钻斜面孔

图 7 – 30（c）。

（3）在薄板上钻孔。用标准麻花钻头在薄板上钻孔时，钻头易失去定心控制，钻出多边形的孔，若进给量大，还出现"扎刀"或折断钻头。因此，在薄板上钻孔时应将标准麻花钻修磨成薄板钻后再钻孔，见图 7 – 31。

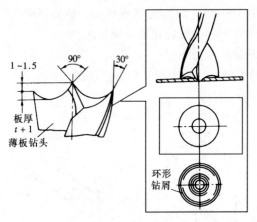

图 7 – 31　在薄板上钻孔

（4）在圆柱件上钻孔。在圆柱件上钻孔时，若要求所钻的孔通过圆柱轴心线时，应将工件放置在 V 形铁上经找正后再进行钻孔。找正的方法见图 7 – 32。

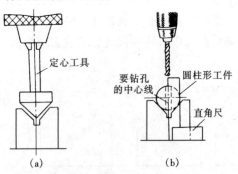

图 7 – 32　找正的方法

（a）用定心工具找正；（b）用直角尺找正

五、钻孔时可能产生的问题

钻孔时可能产生的问题及原因见表 7 – 7。

表 7 – 7 　　　　　钻孔可能出现的问题及原因

出现问题	产　生　原　因
孔呈多角形	(1) 钻头后角过大； (2) 两切削刃长度不等，角度不对称
孔径扩大	(1) 钻头两切削刃长度不等，顶角不对称； (2) 钻头摆动
孔壁粗糙	(1) 钻头不锋利； (2) 进给量太大； (3) 后角太大； (4) 冷却润滑不充分
钻孔偏移	(1) 划线或样冲眼中心不准； (2) 工件装夹不稳固； (3) 钻头横刃太长； (4) 钻孔开始阶段未找正
钻孔歪斜	(1) 钻头与工件表面不垂直； (2) 进给量太大，钻头弯曲； (3) 横刃太长定心不良
钻头折断	(1) 用钝钻头钻孔； (2) 进给量太大； (3) 切屑在螺旋槽中塞住； (4) 孔刚钻穿时，进给量突然增大； (5) 工件松动； (6) 钻薄板或铜料时钻头未修磨； (7) 钻孔已歪而继续钻削
钻头磨损过快	(1) 切削速度太高，而冷却润滑又不充分； (2) 钻头刃磨不适应工件材料

六、钻孔安全注意事项

(1) 钻孔时应严格遵守钻床安全操作规程（见附录）。

(2) 钻孔时，工作服的袖口要扎紧，戴好工作帽，严禁戴手套（图 7 – 33）。

(3) 工件要夹持牢固，不可直接用手拿工件钻孔（见图 7 – 34）。

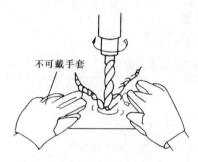

不可戴手套

图 7-33　钻孔时不可戴手套

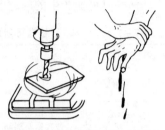

图 7-34　不可用手拿工件钻孔

（4）清理钻屑应用毛刷或铁钩，严禁用手或棉纱清理，更不能用嘴吹铁屑（见图 7-35）。

用铁钩

不能用手

图 7-35　清理钻屑示意

（5）钻通孔时，工件底面应放置垫块，以防钻坏工作台或平口虎钳（见图 7-36）。

（6）手动进刀时，进刀不能过猛，孔快要钻通时，要减小进刀压力、以防损坏钻头或出现其他事故（见图 7-37）。

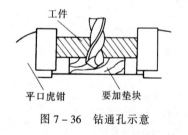

工件

平口虎钳　　　要加垫块

图 7-36　钻通孔示意

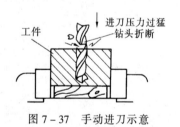

进刀压力过猛
钻头折断

工件

图 7-37　手动进刀示意

操作训练 14　钻孔练习

1．训练要求

（1）正确使用钻孔夹具。

（2）掌握钻孔的手进给操作要领。

（3）掌握划线钻孔的操作步骤和方法。

172

（4）按工件图样要求，独立完成作业。

2．工件图（参考）

钻孔练习工件如图7-38所示，由操作训练11转来。

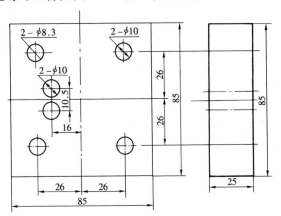

图7-38 钻孔练习工件

3．训练安排

（1）钻头装夹练习。

（2）根据图样要求划线、钻孔。

第二节 扩孔、锪孔与铰孔

一、扩孔

扩孔是用扩孔钻对工件上已有孔进行扩大加工。扩孔时切削深度 t（mm）见图7-39，其计算公式为

$$t = (D - d)/2$$

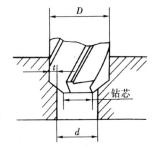

式中 D——扩孔后直径，mm；

d——预加工孔直径，mm。

由此可见，扩孔加工有以下特点：

（1）切削深度 t 较钻孔时大大减

图7-39 扩孔时的切削深度

小，切削阻力小，切削条件大大改善。

（2）避免了横刃切削所引起的不良影响。

（3）产生切屑体积小，排屑容易。

由于扩孔条件大大改善，所以扩孔钻的结构与麻花钻相比较有较大不同。图7－40为扩孔钻，其结构特点是：

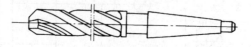

图7－40　扩孔钻

（1）因中心不切削，没有横刃，切削刃只做成靠边缘的一段。

（2）因扩孔产生切屑体积小，不需大容屑槽，从而扩孔站可以加粗钻芯，提高刚度，使切削平稳。

（3）由于容屑槽较小，扩孔钻可做出较多刀齿，增强导向作用。一般整体式扩孔钻有3～4个齿。

（4）因切削深度较小，切削角度可取较大值，使切削省力。

由于以上原因，扩孔的加工质量比钻孔高。一般尺寸精度可达IT10～IT9，表面粗糙度可达 $R_a25 ~ R_a6.3$，常作为孔的半精加工及铰孔前的预加工。

扩孔时的进给量为钻孔的 1.5～2 倍，切削速度为钻孔的1/2。

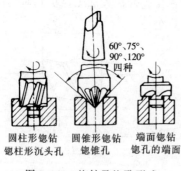

60°、75°、90°、120°
四种

圆柱形锪钻
锪柱形沉头孔

圆锥形锪钻
锪锥孔

端面锪钻
锪孔的端面

图7－41　锪钻及锪孔形式

实际生产中，一般用麻花钻代替扩孔钻使用。扩孔钻多用于成批大量生产。

二、锪孔

1. 锪孔及其应用

（1）锪孔的概念。用锪钻（或改制的麻花钻头）加工孔口形面的操作称为锪孔。锪钻和锪孔的形式见图7－41。

（2）锪孔的应用。

1）用沉头螺钉（或铆钉）连接零件时，用锪钻在连接孔端锪出柱形或锥形沉头孔；

2）为了使连接螺栓（或螺母）的端面与连接件保持良好的接触，用锪钻将孔口端面锪平。

2．锪钻

常用的锪钻有圆柱形锪钻、圆锥形锪钻和端面锪钻。

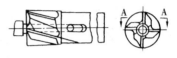
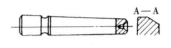

（1）圆柱形锪钻。圆柱形锪钻主要用来锪柱形沉头孔。常用的圆柱形锪钻由专业厂家生产（见图 7 - 42），也可用标准麻花钻改制（见图 7 - 43）。

图 7 - 42　圆柱形锪钻

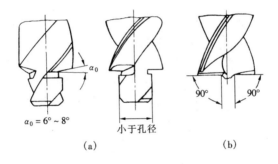

$\alpha_0 = 6° \sim 8°$

小于孔径

（a）

90°　90°

（b）

图 7 - 43　用麻花钻改制的圆柱形锪钻

（a）带导柱的圆柱形锪钻；（b）不带导柱的圆柱形锪钻

（2）圆锥形锪钻。圆锥形锪钻主要用来锪锥形沉头孔和倒角。圆锥形锪钻的顶角有 60°、75°、90° 和 120° 四种，其中最常用的是 90° 锪钻。圆锥形锪钻除专业厂家生产的外，也可用标准麻花钻改制（见图 7 - 44）。锪锥孔顶角可根据需要磨削。

（3）端面锪钻。端面锪钻主要用来锪孔的上下端面。生产厂家生产的端面锪钻为多齿锪钻。钳工也可自制简单端面锪钻（见

图 7 – 45）。

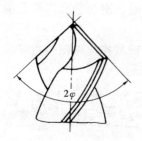

图 7 – 44 用麻花钻改制
　　的圆锥形锪钻

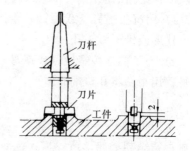

图 7 – 45 简单端面锪钻

3. 锪孔方法和操作要点

（1）锪孔方法。锪孔的操作方法与钻孔的操作方法基本相同。

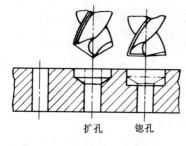

图 7 – 46 锪沉头孔前的扩孔

（2）操作要点及注意事项：

1）锪圆柱形沉头孔前，应先用相同直径的麻花钻头扩孔，其深度稍小于沉头孔深度，然后再用圆柱形锪钻锪孔，见图 7 – 46；

2）尽量用较短的麻花钻头改制锪孔钻，钻头的后角小一些（$\alpha_0 = 6° \sim 16°$），并注意修磨前刀面；

3）锪孔时，钻床主轴转速应是钻孔转速的 $1/2 \sim 1/3$，也可采用手盘动钻床主轴进行操作，精锪时，可利用停车后主轴的旋转惯性锪孔，以减少振动而获得光滑的加工表面；

4）锪钢件时，应在导柱和切削表面加机油或黄油润滑。

2. 锪孔时常见缺陷及产生原因

锪孔时常见缺陷及产生原因见表 7 – 8。

表 7 - 8   锪孔时常见缺陷及产生原因

缺 陷 形 式	主 要 原 因
锥孔、柱孔面呈波浪面	(1) 前角太大； (2) 转速太高； (3) 工件夹持不牢； (4) 切削刀不对称
平面呈凸凹形	刃磨角度不正确
表面粗糙度不符合要求	(1) 刃磨角度不正确； (2) 钢件未用润滑液； (3) 钻头磨损

三、铰孔

1. 铰孔及其应用

用铰刀对已经粗加工的孔进行精加工的操作称为铰孔。通过铰孔可以提高孔的精度，降低孔壁的表面粗糙度（$Ra < 3.2\mu m$）。机床设备上的定位销孔（圆柱销孔和圆锥销孔）均要通过配钻铰孔进行精加工。

2. 铰刀

铰孔用的刀具是多刃切削刀具，其特点是导向性好，切削阻力小，尺寸精度高。常用的铰刀分机用铰刀和手用铰刀两类，本章主要介绍手用铰刀。

（1）圆锥手用铰刀。常用的圆锥手用铰刀有四种，见表 7 - 9。

由于 1:10 圆锥铰刀和莫氏圆锥铰刀的锥度大，铰削时切削量大，费力，因此这两种铰刀制成 2~3 把一套，见图 7 - 47。

（2）螺旋槽手用铰刀。螺旋槽手用铰刀铰削时易保持平衡，

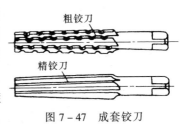

图 7 - 47　成套铰刀

适用于铰削有键槽的孔，见图7-48。

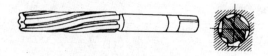

图7-48 螺旋槽手用铰刀

表7-9   常用圆锥铰刀及其应用

名　称	图　　示	应　　用
1:10圆锥铰刀		多用于铰削联轴器的锥孔
莫氏圆锥铰刀		铰削0～6号莫氏锥度的锥孔（锥度近似为1:20）
1:30圆锥铰刀		铰削套式刀具上的锥孔
1:50圆锥铰刀		铰削锥形定位销孔

（3）可调式手用铰刀。可调式手用铰刀由刀体、刀条和调节螺母等组成，见图7-49。标准可调式手用铰刀的直径范围为6～54mm，适用于修配、单件生产以及工件尺寸特殊的情况下铰削通孔。

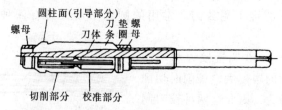

图7-49 可调式手用铰刀

3. 铰削余量

铰孔是对孔进行精加工，前道工序留下的铰削余量应适当。

如余量过大，不但孔铰不光，而且铰刀易磨损；如余量过小，则不能去掉上道工序留下的刀痕，也达不到所要求的表面粗糙度。选择铰削余量时可参阅表7－10。

表 7－10		铰孔余量的选择			（mm）
孔基本直径	< 5	5 ~ 20	21 ~ 32	33 ~ 50	51 ~ 70
加工余量	0.1 ~ 0.2	0.2 ~ 0.3	0.3	0.5	0.8

4. 铰孔的步骤和操作方法

（1）铰孔的步骤。手铰圆柱孔的步骤见图7-50。手铰尺寸较小的圆锥孔时，应先按圆锥孔小端直径钻孔后，再铰孔；手铰尺寸较大的圆锥孔时，应钻阶梯孔后，进行铰孔，见图7－51。一般铰削1:50的锥孔前钻二阶梯孔，铰削1:10和1:30的锥孔应钻三阶梯孔。

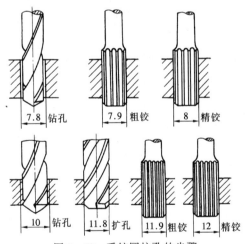

图 7－50　手铰圆柱孔的步骤

（2）手铰操作方法和注意事项：

1）铰孔前，工件要夹正、夹牢，但要防止工件被夹变形。

2）要用角尺检查铰刀与孔端面的垂直度。

3）铰削中，两手要平衡，用力要均匀，不能有侧向压力。

4）转动铰刀的速度要均匀，并要变化铰刀每次停顿的位置。

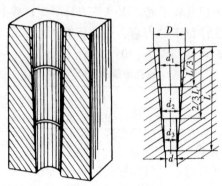

图 7-51　钻阶梯孔

5）铰刀进给时，要随铰刀的旋转轻轻施加压力。

6）进刀和退刀时，均要顺时针旋转，严禁反转。

7）铰钢料时，要经常清除刀刃上的铰屑。铰通孔时，铰刀修光部分不能全部出头，否则会使孔的出口损坏，且铰刀也不易退出。

8）铰孔结束后，应将铰刀清理干净，涂油后放入专用盒内。

5. 铰孔时的冷却与润滑

铰孔时，铰刀与孔壁的摩擦严重。由于摩擦生热，铰刀尺寸胀大，影响铰孔精度。因此，切削过程中，应使用冷却润滑液，以减少摩擦和发热。选用时，可参阅表 7-11。

6. 铰孔时可能出现的问题和产生的原因

铰孔时，常见的问题和产生的主要原因见表 7-12。

表 7-11　　　　　　　　铰孔时冷却润滑液的选用

加工材料	冷　却　润　滑　液
钢	（1）10%～20%乳化液； （2）工业植物油； （3）30%工业植物油加70%浓度为3%～5%的乳化液
铸铁	（1）不用； （2）3%～5%乳化液； （3）煤油（但会引起孔径缩小，最大缩小量达0.02～0.04mm）
铝	煤油、松节油
铜	5%～8%乳化液

表 7-12	铰孔时可能出现的问题和产生的原因
出现问题	产　生　原　因
加工表面 粗糙度大	(1) 铰孔余量太大或太小； (2) 铰刀的切削刃不锋利，刃口崩裂或有缺口； (3) 不用冷却润滑液，或用不适当的冷却润滑液； (4) 铰刀退出时反转，手铰时铰刀旋转不平稳； (5) 切削速度太高产生刀瘤，或刀刃上粘有切屑； (6) 容屑槽内切屑堵塞
孔呈多角形	(1) 铰削量太大，铰刀振动； (2) 铰孔前钻孔不圆，铰刀发生弹跳现象
孔径缩小	(1) 铰刀磨损； (2) 铰铸铁时加煤油； (3) 铰刀已钝
孔径扩大	(1) 铰刀中心线与钻孔中心线不同心； (2) 铰孔时两手用力不均匀； (3) 铰削钢件时没加润滑液； (4) 进给量与铰削余量过大； (5) 机铰时，钻轴摆动太大； (6) 切削速度太高，铰刀热膨胀； (7) 操作粗心，铰刀直径大于要求尺寸； (8) 铰锥孔时没及时用锥销检查

操作训练 15　锪孔、铰孔练习

1. 训练要求

(1) 掌握锪孔、铰孔的操作方法；

(2) 达到图样中的技术要求；

(3) 遵守安全操作规程。

2. 设备、工具、量具及辅具

钻床、划线工具、钻头、锪钻、铰刀等。

3. 备料

铸铁板，由操作训练 14 转来。

4. 工作图

181

锪孔、铰孔练习工作图如图 7 – 52 所示。

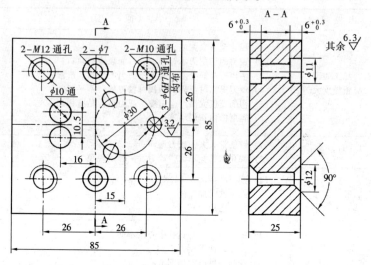

图 7 – 52　锪孔、铰孔练习

5. 训练安排

（1）根据图样要求划线、钻孔，锪圆柱形沉头孔和圆锥形沉头孔。

（2）根据图样要求划线、钻孔、铰孔。

复习题

一、判断题

1. 麻花钻主切削刃上，各点的前角大小是不相等的。

（　　）

2. 钻孔时，冷却润滑的目的应以润滑为主。　　　　（　　）

3. 扩孔是用扩孔钻对工件上已有的孔进行精加工。（　　）

4. 当孔将要钻穿时，必须减小进给量。　　　　　　（　　）

5. 切削用量是切削速度、进给量和切削深度的总称。

（　　）

6. 钻削速度是指每分钟钻头的转数。   （   ）

7. 圆柱形锪钻外缘上的切削刃为主切削刃，起主要切削作用。   （   ）

8. 机铰结束后，应先停机再退刀。   （   ）

9. 虽然钻削加工难度较高，但钻削加工仍然属于粗加工。
                                                        （   ）

10. 钻头在主切削刃上各点因角速度不同，所以各点线速度不同。   （   ）

11. 标准麻花钻头主切削刃上各点的前角由外缘向钻心逐渐增大。   （   ）

12. 标准麻花钻头主切削刃上各点的后角由外缘向钻心逐渐增大。   （   ）

13. 3 号钻套的内锥为 3 号莫氏锥度的锥孔   （   ）

二、选择题

1. 用 $\phi 8$ 的麻花钻头钻孔时，应选用的装夹工具是（   ）。

（1）钻套；（2）钻夹头；（3）钻套或钻夹头。

2. 麻花钻主截面中，测量的基面与前刀面之间的夹角叫（   ）。

（1）螺旋角；（2）前角；（3）顶角。

3. 钻头直径大于 13mm 时，柄部一般作成（   ）。

（1）直柄；（2）莫氏锥柄；（3）直柄或锥柄。

4. 孔的精度要求较高和粗糙度较细时，应选用主要起（   ）。

（1）润滑作用的冷却润油液；（2）冷却作用的冷却润滑液；
（3）冷却和润滑作用的冷却润滑液。

5. 扩孔加工属孔的（   ）。

（1）粗加工；（2）半精加工；（3）精加工。

6. 扩孔时的切削速度（   ）。

（1）是钻孔的 1/2；（2）与钻孔相同；（3）是钻孔的 2 倍

7. 锥形锪钻按其锥角大小可分 60°、75°、90° 和 120° 四种，其中（　　）使用最多。

(1) 60°；(2) 75°；(3) 90°；(4) 120°。

8．可调节手铰刀主要用来铰削（　　）的孔。

(1) 非标准；(2) 标准系列；(3) 英制系列。

9．铰孔结束后，铰刀应（　　）退出。

(1) 正转；(2) 反转；(3) 正反转均可。

10．标准麻花钻头外缘处的前角一般为（　　）。

(1) – 30°；(2) 30°；(3) 45°。

三、问答题

1．何谓钻孔？钻孔运动由哪两种运动组成？

2．简述标准麻花钻切削部分的组成和主要作用。

3．简述标准麻花钻的三个辅助平面。

4．简述标准麻花钻头刃磨的目的和要求。

5．简述标准麻花钻的主要缺点。

6．简述扩孔钻的结构特点。

7．为什么铰削余量不能过大或过小？

第八章

攻 螺 纹 与 套 螺 纹

用丝锥在孔的内表面切削出螺纹的操作称为攻螺纹，俗称攻丝。

用板牙在圆杆外表面切削出螺纹的操作称为套螺纹，俗称套丝。

钳工用手工工具加工出的螺纹是三角形螺纹，即粗牙、细牙普通螺纹（牙形代号用 M 表示）和英寸制管螺纹（牙形代号用 G 表示）。本章主要介绍加工粗牙、细牙普通螺纹的工具和方法。

第一节 攻 螺 纹

一、攻螺纹的工具

1. 丝锥

（1）丝锥的构造。丝锥是加工内螺纹的工具。一般用合金工具钢或高速钢制成，并经淬火硬化。其构造见图 8-1。

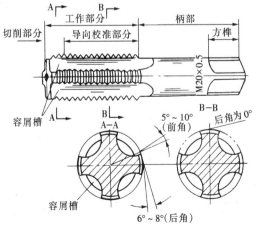

图 8-1　丝锥的构造

丝锥各部分的作用如下：

1）切削部分。丝锥的切削部分呈圆锥形，有锋利的切削刃，起主要切削作用。

2）导向校准部分。该部分具有完整的牙型，其作用是修光和校准已切出的螺纹，并引导丝锥沿轴向运动。

3）容屑槽。容屑槽具有容纳、排除切屑和形成刀刃的作用。常用丝锥有3~4条容屑槽，并制成直槽形，一些专用丝锥的容屑槽为了控制排屑方向制成螺旋形，见图8-2。

4）柄部。柄部有方榫，与丝锥扳手连接，用以传递力矩。

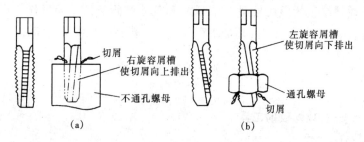

图8-2 螺旋容屑槽

（a）右旋；（b）左旋

（2）丝锥的种类。丝锥一般分手用丝锥和机用丝锥两种。本章主要介绍手用丝锥。

手用丝锥有粗牙、细牙之分，由二支或三支组成一套。通常

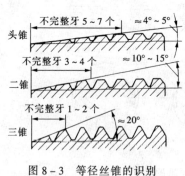

图8-3 等径丝锥的识别

M6~M24的丝锥一套有二支；M6以下、M24以上的，一套有三支。细牙丝锥均为两支一套。成套丝锥又分为等径丝锥和不等径丝锥两种。M12以下的手用丝锥制成等径丝锥，M12或M12以上的手用丝锥制成不等径丝锥。不等径丝锥的切削量分配合理，丝锥磨损均匀，攻

丝时省力。识别等径丝锥头锥、二锥、三锥的方法见图 8 – 3。识别不等径丝锥头锥、二锥的方法可根据丝锥柄部的圆环数或顺序号进行区分。头锥一条圆环,二锥两条圆环或顺序号为Ⅰ、Ⅱ。

2. 丝锥扳手

丝锥扳手(也称铰杠)是用来夹持和扳动丝锥的工具。分普通扳手和 T 型扳手两类,见图 8 – 4。每类丝锥扳手中均有固定式和可调式两种。其中,T 型丝锥扳手适用于机体内和凸台旁螺孔攻丝。

丝锥扳手的长度有一定的规格,应根据丝锥尺寸的大小合理选用,以便控制一定的攻丝扭矩。选用时可参阅表 8 – 1。

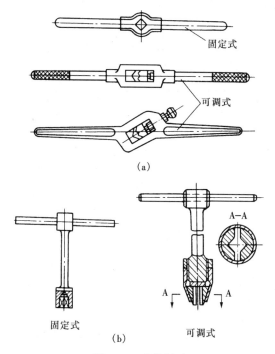

图 8 – 4　丝锥扳手
(a) 普通扳手;(b) T 型扳手

表 8 – 1

| 丝锥扳手的长度选择 | | | (mm) |

表 8 – 1　　　　　　　丝锥扳手的长度选择　　　　　　（mm）

丝锥直径	≤6	8 ~ 10	12 ~ 14	≥16
扳手长度	150 ~ 200	200 ~ 250	250 ~ 300	400 ~ 450

二、螺纹底孔直径的确定

攻丝时，丝锥主要是切削金属，但也有挤压作用，使金属扩张。工件材料塑性越好，挤压变形越显著。如攻螺纹底孔直径等于螺纹小径，将因挤压变形卡住丝锥，造成丝锥崩牙或折断；如攻螺纹底孔过大，又会造成螺纹的牙型高度不够，降低强度。因此，攻螺纹前螺纹底孔直径应根据工件的材料性质和螺纹直径的大小通过查表法或用经验公式计算法确定。

1. 查表法

（1）普通螺纹攻螺纹前底孔直径的确定见表 8 – 2。

（2）英寸制管螺纹攻螺纹前底孔直径的确定见表 8 – 3。

表 8 – 2　　　　普通螺纹攻螺纹前钻底孔的钻头直径　　　　（mm）

螺纹公称直径 D	螺 距 P	钻头直径 $D_{钻}$	
		铸铁、青铜、黄铜	钢、可锻铸铁、紫铜、层压板
2	0.4 0.25	1.6 1.75	1.6 1.75
2.5	0.45 0.35	2.05 2.15	2.05 2.15
3	0.5 0.35	2.5 2.65	2.5 2.65
4	0.7 0.5	3.3 3.5	3.3 3.5
5	0.8 0.5	4.1 4.5	4.2 4.5
6	1 0.75	4.9 5.2	5 5.2
8	1.25 1 0.75	6.6 6.9 7.1	6.7 7 7.2

螺纹公称直径	螺　距	钻头直径 $D_钻$	
D	P	铸铁、青铜、黄铜	钢、可锻铸铁、紫铜、层压板
10	1.5	8.4	8.5
	1.25	8.6	8.7
	1	8.9	9
	0.75	9.1	9.2
12	1.75	10.1	10.2
	1.5	10.4	10.5
	1.25	10.6	10.7
	1	10.9	11
14	2	11.8	12
	1.5	12.4	12.5
	1	12.9	13
16	2	13.8	14
	1.5	14.4	14.5
	1	14.9	15
18	2.5	15.3	15.5
	2	15.8	16
	1.5	16.4	16.5
	1	16.9	17
20	2.5	17.3	17.5
	2	17.8	18
	1.5	18.4	18.5
	1	18.9	19
22	2.5	19.3	19.5
	2	19.8	20
	1.5	20.4	20.5
	1	20.9	21
24	3	20.7	21
	2	21.8	22
	1.5	22.4	22.5
	1	22.9	23

表 8 – 3　　　英寸制管螺纹攻螺纹前钻底孔的钻头直径

螺纹公称直径 （in）	每英寸牙数	钻头直径 （mm）
1/8	28	8.8
1/4	19	11.7
3/8	19	15.2
1/2	14	18.9
3/4	14	24.4
1	11	30.6
1¼	11	39.2
1⅜	11	41.6
1½	11	45.1

2．经验公式计算法

（1）普通螺纹攻螺纹前底孔直径的确定。确定普通螺纹底孔直径的公式为

韧性材料　　　$D_钻 = D - P$

脆性材料　　　$D_钻 = D - （1.05 \sim 1.1）P$

式中　　$D_钻$——钻底孔的钻头直径，mm；

　　　　D——螺纹大径，mm；

　　　　P——螺距，mm。

例　分别在中碳钢和铸铁工件上攻 M12×1.75 的螺孔，求攻螺纹底孔直径。

解　中碳钢属韧性材料，故攻螺纹底孔直径为

$$D_钻 = D - P = 12 - 1.75 \approx 10.2 （mm）$$

铸铁为脆性材料，故攻螺纹底孔直径为

$$D_钻 = D - 1.1P = 12 - 1.1 \times 1.75 \approx 10.1 （mm）$$

（2）英寸制管螺纹攻螺纹前底孔直径的确定。确定英寸制管螺纹底孔直径的公式见表 8 – 4。

三、不通孔螺纹钻孔深度的确定

攻不通孔（盲孔）螺纹时，由于丝锥切削部分切不出完整的牙形，所以，钻孔深度应超过所需要的螺孔深度。钻孔深度可按下式计算：

$$钻孔深度 = 需要的螺纹长度 + 0.7D$$

式中　D——螺纹大径，mm。

表 8 – 4　　　　　英制螺纹底孔直径的计算公式

螺纹公称直径（in）	钻铸铁与青铜时钻头直径（mm）	钻钢和黄铜时钻头直径（mm）
3/16 ~ 5/8	$D_{钻} = 25\left(D - \dfrac{1}{n}\right)$	$D_{钻} = 25\left(D - \dfrac{1}{n}\right) + 0.1$
3/4 ~ 1 $\dfrac{1}{2}$	$D_{钻} = 25\left(D - \dfrac{1}{n}\right)$	$D_{钻} = 25\left(D - \dfrac{1}{n}\right) + 0.2$

注　n—每英寸牙数；D—螺纹公称直径，in。

四、攻螺纹的方法

1. 攻螺纹的步骤

攻螺纹的步骤见图 8 – 5。

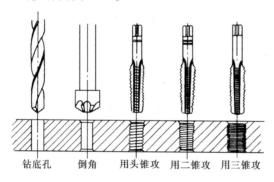

钻底孔　　倒角　　用头锥攻　　用二锥攻　　用三锥攻

图 8 – 5　攻螺纹步骤

2. 操作要点及注意事项

（1）操作要点。用头锥起扣是攻螺纹的关键，其操作方法见图 8 – 6。用右手握住扳手中部并下压，同时左手缓慢转动扳手，如图 8 – 6（a）所示。当头锥攻入 1 ~ 2 圈后，应从前后、左右两个方向目测，或用小角尺检查丝锥与工件的垂直度，见图 8 – 6（b）。为了保证头锥起扣的垂直度，可利用标准螺母或专用工具导向，见图 8 – 7。

起扣后，两手不再施加压力，用平衡均匀的旋转力扳动铰

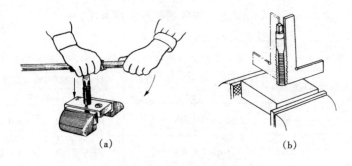

(a)　　　　　　　　　　(b)

图 8 – 6　起扣方法

（a）起扣；（b）检查垂直度

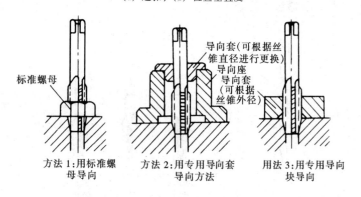

标准螺母

导向套(可根据丝
锥直径进行更换)
导向座
导向套
(可根据
丝锥外径)

方法 1:用标准螺　　方法 2:用专用导向套　　用法 3:用专用导向
母导向　　　　　　导向方法　　　　　　块导向

图 8 – 7　保证起扣垂直度的方法

图 8 – 8　攻螺纹操作要领

杠，每转动 1/2 ~ 1 圈后，应倒转 1/4 ~ 1/2 圈，见图 7 – 36。当头锥攻完后，按顺序换二锥、三锥攻削。

在工件上攻螺纹时须用机油冷却润滑；在钢件上攻螺纹时用

柴油较适宜；在铸铁件上攻螺纹时可不使用冷却油；在铝合金或紫铜件上攻螺纹时，可用煤油。

（2）注意事项。

1）用丝锥扳手夹持丝锥时，应夹持丝锥方榫部位。

2）在较硬材料上攻螺纹时，如感到很费力，则不可强行转动，应将头锥、二锥轮换，交替攻削（用头锥攻几圈后，换二锥攻几圈，再用头锥攻几圈、依次交替攻削）。

（3）攻螺纹废品分析。

攻螺纹时，产生废品的类型及原因见表 8-5，丝锥损坏的形式和原因见表 8-6。

表 8-5　　　　　　　　攻螺纹时产生废品的原因

废品类型	产　生　的　原　因
烂牙	（1）螺纹底孔直径太小，丝锥不易切入，孔口烂牙； （2）换用二锥时与已切出的螺纹没有旋合好就强行攻削； （3）头锥攻螺纹不正，用二锥时强行纠正； （4）攻韧性材料未加润滑剂或丝锥不经常倒转，把已切出的螺纹啃伤； （5）丝锥磨钝或刀刃粘屑； （6）丝锥扳手掌握不稳，攻铜合金等强度低的材料时容易烂牙
滑牙	（1）攻不通孔螺纹时，丝锥已到底仍继续扳转； （2）在强度低的材料上攻较小螺孔时，丝锥已切出螺纹仍然继续加压力
螺孔攻歪	（1）丝锥与工件平面不垂直； （2）攻螺纹时两手用力不均衡，倾向于一侧
螺纹高度不够	（1）攻螺纹底孔直径太大； （2）丝锥磨损

（4）丝锥被折断后取出的方法。

丝锥如被折断在孔中，应根据折断情况，采用不同的方法将其从孔中取出。常用的方法有四个，如图 8-9 所示。方法 1：将钢丝插入断丝锥容屑槽内，用专用工具卡住钢丝，沿退出方向旋转把手，将断丝锥取出。方法 2：插入钢丝后，在断丝锥的上部戴上两个六角螺母，并紧后，再用扳手退出断丝锥；方法 3：

插入钢丝后，套上六角螺母，在螺母孔底垫上一层石棉或耐火泥（保护工作）再施焊，将钢丝与螺母焊牢，然后扳动螺母，退出断丝锥；方法4：小直径丝锥，当断得不深时，可用样冲将断丝锥冲出。

表8-6　　　　　　　丝锥损坏的形式及原因

损坏形式	主　要　原　因
丝锥折断	(1) 工件材料中夹有硬物； (2) 断屑、排屑不良，产生切屑堵塞现象； (3) 丝锥位置不正，单边受力太大或强行纠正； (4) 两手用力不均； (5) 丝锥磨钝，切削阻力太大； (6) 底孔直径太小； (7) 攻不通孔螺纹时，丝锥已到底，仍然继续扳转； (8) 攻螺纹时用力过猛或丝锥扳手过长
丝锥崩牙	(1) 工件材料中夹有硬物； (2) 丝锥位置不正，单边受力太大或强行纠正； (3) 两手用力不均

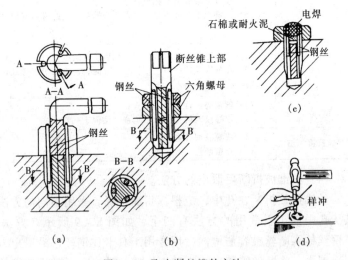

图8-9　取出断丝锥的方法

(a) 方法1；(b) 方法2；(c) 方法3；(d) 方法4

丝锥被折断在孔中后，尽管有取出断丝锥的办法，但并不是所有断丝锥都能从孔中取出，尤其是直径较小的丝锥。因断丝锥不能取出而造成工件报废的现象时有发生，故在攻螺纹时，如何防止丝锥折断是最为重要的。

第二节 套 螺 纹

一、套螺纹的工具

套螺纹工具有板牙和板牙架。

1. 板牙

板牙是加工外螺纹的工具，用合金工具钢或高速钢制成，并经淬火硬化。常用的板牙有圆板牙和活络管子板牙，如图 8 - 10 所示。本章只介绍圆板牙及其使用方法。

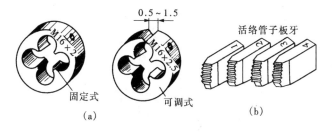

图 8 - 10　板牙
（a）圆板牙；（b）活络管子板牙

圆板牙像一个圆螺母，由于端面上钻有几个排屑槽而形成了刀刃。圆板牙两端的锥角部分是切削部分，起主要切削作用；中间一段是校准部分，也是套丝时的导向部分。圆板牙外圆上有几个锥坑和一条 V 形槽，用来将板牙固定于板牙架上。

2. 板牙架

板牙架是装夹板牙的工具。常用的板牙架有固定式圆板牙架、可调式圆板牙架和管子板牙架，如图 8 - 11 所示。使用时，将板牙装入架内，板牙上的锥坑与架上的紧固螺钉对正，然后紧固；装夹可调式板牙时，先将板牙直径尺寸调整合适（使其与圆杆直径尺寸相近），然后装入架内固定。

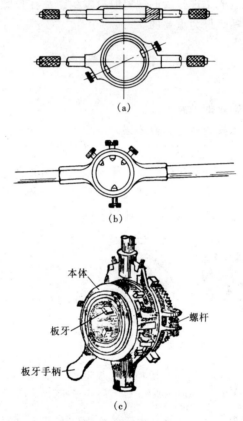

(a)

(b)

本体

板牙

螺杆

板牙手柄

(c)

图 8 – 11　板牙架

(a) 固定式圆板牙架；(b) 可调式圆板牙架；

(c) 管子板牙架

二、圆杆直径的确定

圆杆直径在理论上应等于螺纹公称直径。但在套螺纹过程中，由于材料受到挤压产生变形，使牙顶增高，易损坏板牙。因此，圆杆直径应小于螺纹公称直径。确定圆杆直径时，可用经验公式计算得出，也可查阅表 8 – 7。

表 8 - 7　　　　　　　　板牙套螺纹时圆杆的直径　　　　　　　（mm）

粗　牙　普　通　螺　纹				英　寸　制　管　螺　纹		
螺纹公称直径	螺距	螺杆直径		螺纹公称直径	管子外径	
		最小直径	最大直径	（in）	最小直径	最大直径
M6	1	5.8	5.9	1/8	9.4	9.5
M8	1.25	7.8	7.9	1/4	12.7	13
M10	1.5	9.75	9.85	3/8	16.2	16.5
M12	1.75	11.75	11.9	1/2	20.5	20.8
M14	2	13.7	13.85	5/8	22.5	22.8
M16	2	15.7	15.85	3/4	26	26.3
M18	2.5	17.7	17.85	7/8	29.8	30.1
M20	2.5	19.7	19.85	1	32.8	33.1
M22	2.5	21.7	21.85	$1\frac{1}{8}$	37.4	37.7
M24	3	23.65	23.8	$1\frac{1}{4}$	41.4	41.7
M27	3	26.65	26.6	$1\frac{3}{8}$	43.8	44.1
M30	3.5	29.6	29.8	$1\frac{1}{2}$	47.3	47.6

经验公式为

$$d_{杆} = d - 0.13P$$

式中　$d_{杆}$——套螺纹前圆杆直径，mm；

　　　d——螺纹大径，mm；

　　　P——螺距，mm。

三、套螺纹前圆杆端部的倒角

在套螺纹开始时，为了使板牙顺利套入工件和正确导向，套螺纹前应对圆杆端部进行倒角。其倒角要求见图 8 - 12。

四、套螺纹方法

1. 工件夹持

套螺纹时，由于切削力矩较大，且工件为圆柱形，因此钳口处要用 V 形垫铁或厚软金属板衬垫，将圆杆牢固地夹紧。同

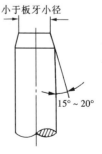

图 8 - 12　倒角要求

时，圆杆套螺纹部分不要离钳口过长。

2. 套螺纹操作要领

套螺纹过程中，板牙端面应始终与圆杆轴心线保持垂直。开始套螺纹时，右手握住板牙架中部，沿圆杆轴向施加压力，并与左手配合按顺时针方向旋转，或两手握住板牙架手柄（两手应靠近中间握持），边加压力，边旋转，见图8－13。当板牙旋入圆杆切出螺纹后，两手只用旋转力即可将螺杆套出。

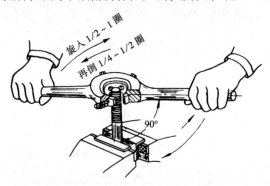

图8－13 套螺纹操作要领

五、套螺纹废品分析

套螺纹时产生废品的类型和原因见表8－8。

表8－8　　　　　　　　套螺纹时产生废品的原因

废品类型	产　生　的　原　因
烂　牙	（1）未进行必要的润滑，板牙将工件螺纹粘去一部分； （2）板牙一直不倒转，切屑堵塞把螺纹啃坏； （3）圆杆直径太大； （4）板牙歪斜太多，找正时造成烂牙
螺纹歪斜	（1）圆杆端部倒角不良，切入时板牙歪斜； （2）两手用力不均，板牙位置歪斜
螺纹齿形瘦小	（1）板牙架经常摆动和借正，使螺纹切去过多； （2）板牙已切入，仍继续加压力
螺纹太浅	圆杆直径太小

操作训练 16　攻螺纹、套螺纹练习

1．训练要求

（1）掌握攻螺纹底孔直径的计算方法和套螺纹圆杆直径的确定方法；

（2）掌握攻螺纹、套螺纹操作方法和要领。

2．工具、量具及辅具

丝锥、丝锥扳手、圆板牙、板牙架、扁锉、角尺、游标卡尺等。

3．备料

85mm × 85mm × 25mm（HT150）一件，由操作训练 15 转来；套螺纹材料 $\phi12 × 150$mm（Q235）两件。

4．工件图

攻螺纹工件如图 8 – 14 所示，套螺纹工件如图 8 – 15 所示。

5．训练安排

（1）攻螺纹练习。

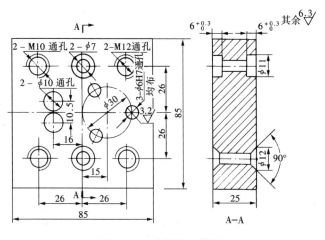

图 8 – 14　攻螺纹工件图

1）对攻螺纹底孔孔口倒角；

2）依次攻出 2 – M10、2 – M12 螺孔，并用 M10、M12 螺栓配检（检验螺栓长 60mm）。

（2）套螺纹练习。

1）检查备料尺寸；

2）按图样尺寸要求，锉削圆杆两端面，且对圆杆端部倒角；

3）完成两件 M12 双头螺栓的套螺纹工作。

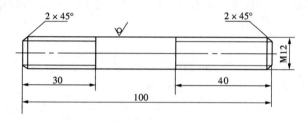

图 8 – 15　套螺纹工作

复习题

一、判断题

1. M16 × 1 含义是细牙普通螺纹，大径 16mm，螺距 1mm。

（　　）

2. 螺纹的基准线是螺旋线。　　　　　　　　　　（　　）

3. 逆时针旋转时转入的螺纹称为右螺纹。　　　　（　　）

4. 米制普通螺纹，牙型角为 60°。　　　　　　　（　　）

5. 手用丝锥 $\alpha_0 = 10° \sim 12°$。　　　　　　　　（　　）

6. 机攻螺纹时，丝锥的校准部分不能全部出头，否则退出时造成螺纹烂牙。　　　　　　　　　　　　　（　　）

7. 板牙只在单面制成切削部分，故板牙只能单面使用。

（　　）

8. 攻螺纹前的底孔直径必须大于螺纹标准中规定的螺纹小径。　　　　　　　　　　　　　　　　　　　　　（　　）

9. 套螺纹时，圆杆顶端应倒角至 15°～20°。　　　（　　）

二、选择题

1. 螺纹相邻两牙在中径线上对应两点间的轴向距离叫　　　　　　　　　　　　　　　　　　　　　　　（　　）。

（1）导程；（2）螺距；（3）导程或螺距。

2. 加工不通孔螺纹，使切屑向上排出，丝锥的容屑槽做成（　　）。

（1）左旋槽；（2）右旋槽；（3）直槽。

3. 不等径三支一套的丝锥，切削量的分配按顺序是（　　）。

（1）1:2:3；（2）1:3:6；（3）6:3:1。

4. 在钢件和铸铁工件上加工同样直径的内螺纹，钢件底孔直径比铸铁的底孔直径（　　）。

（1）稍大；（2）稍小；（3）相等。

三、问答题

1. 丝锥由哪几部分构成？

2. 攻螺纹前底孔直径为什么要略大于螺纹孔内径？

3. 常见的套螺纹废品类型有哪些？造成的原因是什么？

四、计算题

1. 钻头直径为 18mm，当以 500r/min 的转速钻孔时，求切削速度 v 和切削深度 α_p。

2. 在钢件上攻 M18×2，深度为 35mm 的不通孔螺纹，求钻底孔的直径和钻孔深度。

3. 套 M16×1.5 螺纹时，圆杆直径应为多少？

平 面 刮 削

第一节 概　述

一、刮削的概念和种类

1. 刮削的概念

用刮刀从已加工表面上刮去一层薄金属，以提高工件的加工精度，降低工件表面粗糙度的操作称为刮削。刮削后的表面粗糙度可达 $R_a0.4$。

2. 刮削的种类

刮削分为平面刮削和曲面刮削，见图 9-1。平面刮削是用平面刮刀削去已加工平面上薄层金属的操作。曲面刮削是用曲面刮刀削去已加工曲面上薄层金属的操作。本章主要介绍平面刮削。

（a）

（b）

图 9-1　刮削

（a）平面刮削；（b）曲面刮削

二、刮削的原理和作用

1. 刮削原理

将工件与校准工具或与其相配合的工件之间，涂一层显示剂，经过对研,使工件较高的部位显示出来,然后用刮刀刮去较高部位的金属层。经过反复的显示和刮削,工件表面的接触点不断增加。这样,工件的加工精度和表面粗糙度就可以达到预期的要求。

2.刮削的作用

第一,在刮削过程中,由于刮刀用负前角切削,所以对工件表面有推挤压光的作用,从而使工件表面粗糙度可达 $R_a0.4 \sim R_a1.6$。第二,经过刮削的工件表面上形成了较均匀的微浅凹坑。这些凹坑可以起到存油,减少配合面摩擦的作用。第三,刮削出的花纹可增加工件表面的美观。并判断磨损情况。

因此,机床导轨的滑行面,滑动轴承的内表面,工具、量具的接触面,设备的密封表面,以及需要得到美观的工件表面,在机械加工之后常用刮削的方法加工。

三、刮削余量

刮削是一项精细的手工操作,每次只能刮去一层很薄的金属,其劳动强度很大。所以,工件在机械加工后留下的刮削余量不宜太大。一般为 $0.05 \sim 0.4$mm。刮削余量可参阅表 9 – 1 确定。

表 9 – 1 平面的刮削余量 （mm）

平面宽度	平 面 长 度				
	$100 \sim 500$	$500 \sim 1000$	$1000 \sim 2000$	$2000 \sim 4000$	$4000 \sim 6000$
100 以下	0.10	0.15	0.20	0.25	0.30
$100 \sim 500$	0.15	0.20	0.25	0.30	0.40

四、显示剂

显示剂就是在刮削中,为了清楚地显示工件误差的位置和大小所使用的一种涂料。

对显示剂的要求是:使用显示剂经对研后,应保证显点光泽、明显,点子清晰;不磨损、不腐蚀工件;不损害人体健康。

1.常用显示剂的特点及应用

常用显示剂的特点及应用见表 9 – 2。

2.显示剂的使用方法和要求

显示剂的使用要求和方法,以红丹粉为例,见图9 – 2。红丹

表 9 – 2　　　　　　　　常用显示剂的特点及应用

名　　　称	特　点　及　应　用
红丹粉	红褐色，颗粒细，显示清晰，不反光，价格低廉，与机油调合使用，是最常用的显示剂
普鲁士蓝油	深蓝色，对研后点小，清楚，价格昂贵，与蓖麻油及适量机油调合而成，应用于精密工件、有色金属工件和合金工件

粉与机油的调合浓度应适当。粗刮时，调得稍稀些；精刮时，调得稍干些。显示剂应涂抹得薄而均匀。涂得过厚，研点易模糊成团。

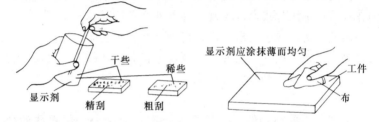

图 9 – 2　显示剂的使用要求和方法

第二节　平面刮削工具及操作

一、刮削工具

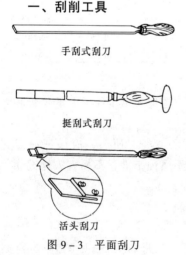

手刮式刮刀

挺刮式刮刀

活头刮刀

图 9 – 3　平面刮刀

1. 平面刮刀

平面刮刀是平面刮削工作中的主要工具，用来刮削平面或刮花，见图 9 – 3。平面刮刀的刀头要有足够的硬度，刃口锋利，刀身有一定的弹性。通常使用的刮刀用 T10A 或 T12A 钢锻制成形，经刃磨后刀头需淬火硬化。当工件表面较硬时，可焊接高速钢或硬质合金刀头。

平面刮刀按刮削平面的精

度要求分，有粗刮刀、细刮刀和精刮刀。刮刀头部形状如图9－4所示，其尺寸规格见表9－3。

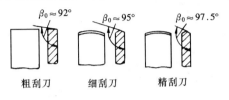

图9－4　刮刀头部形状

表9－3　　　　　平面刮刀规格　　　　　（mm）

尺寸 种类	全长 L	宽度 B	厚度 t
粗刮刀	450～600	25～30	3～4
细刮刀	400～500	15～20	2～3
精刮刀	400～500	10～12	1.5～2

2．基准工具（研具）

基准工具是用来推磨研点和检查刮削平面准确性的工具。常用的有标准平板、工形平尺、桥形平尺、角度平尺和直角板等，如图9－5所示。

二、平面刮刀的刃磨和热处理

（一）平面刮刀的刃磨

1．粗磨

锻制成形后的刮刀毛坯，在淬火前应先在砂轮机上进行粗磨。粗磨刮刀的方法如下：

（1）将刮刀平面轻轻接触砂轮片边缘，再慢慢平贴在砂轮片侧面，见图9－6（a）；

（2）前后移动刮刀，两面均磨平整，目视无明显厚薄差别为止，见图9－6（b）；

（3）磨端面时先倾斜一定角度，再逐步移到水平位置，若将刮刀直接在水平位置接触砂轮，会将刮刀弹出，见图9－6（c）。

粗磨后刮刀应符合以下要求：

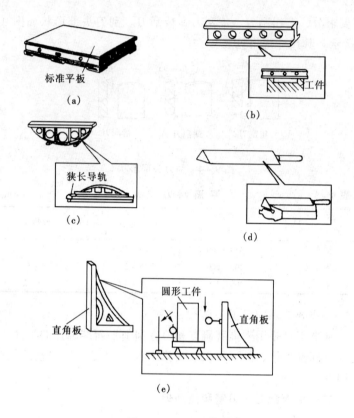

图 9 – 5　基准工具

(a)标准平板;(b)工形平尺;(c)桥形平尺;(d)角度平尺;(e)直角板

　　(1) 刮刀的厚度及宽度应符合要求，基本上除掉刀身上的氧化皮。

　　(2) 刀头部分的两大平面，基本平整且平行。其端部与刮刀中心线垂直。

　　(3) 刮刀切削部分的几何角度正确。

　　2.细磨

　　刮刀的细磨工作，在淬火前和淬火后分别进行。其刃磨部位是刀头的两大平面和刀头的端面。如图 9 – 7 所示，两大平面的

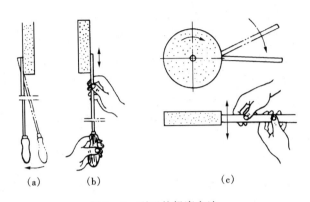

图 9 - 6　刮刀的粗磨方法

(a)、(b) 磨刮刀平面；(c) 磨刮刀端面

刃磨方法为：后手端平刮刀，前手压紧刀尖，使刮刀刃磨平面与油石面完全接触，作横向往复运动。端面的刃磨方法见图 9 - 8。

图 9 - 7　刮刀两大平面的磨法

方法 1 ［见图 9 - 8 (a)］：刃磨时，由前至后拉动刮刀，拉

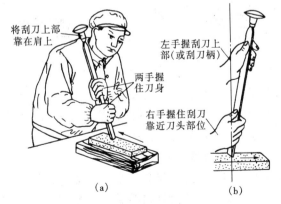

图 9 - 8　刮刀端面的刃磨方法

(a) 方法 1；(b) 方法 2

到油石后部后，将刮刀提起移至油石前部，再往后拉动（磨时应加机油）。方法2［见图9-8（b）］：刮刀直立或前倾（前倾角根据刮刀 β_0 角确定）磨时，刮刀向前推动，拉回时刀身略微提起。

淬火前细磨时，应在粒度较粗的油石上进行。淬火后细磨时，应选用粒度较细的油石刃磨端面。

刮刀细磨后，要求平面平整光洁，几何角度正确，刃口锋利，无缺陷。

3. 刮刀的修磨

在刮削过程中，刮刀刃变钝后要及时修磨。修磨的方法与淬火后的细磨方法相同。

4. 注意事项

（1）新油石使用前，应先用机油浸泡几天后再使用。使用中应保持清洁、平整。如发现金属屑嵌入油石表面，应用煤油洗净；若磨出凹槽，应在砂轮上或磨床上修平。使用后，应浸入油盘中。油石的使用和保养见图9-9。

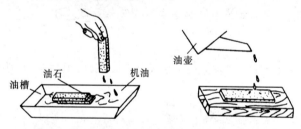

图9-9　油石的使用和保养

（2）淬火后，第二次细磨刮刀时，如发现刮刀刃口上有缺口，应在细砂轮片上磨去缺口（注意蘸水冷却）。如发现裂纹，应将裂纹部分去掉，磨后重新淬火。

（二）平面刮刀的热处理

平面刮刀的热处理过程与錾子的热处理过程基本一致。但因两种工具锻制时所选用的钢材和需要的硬度不同，因此选用的冷却液和确定的回火温度有所区别。

刮刀常用优质碳素工具钢（T12A）锻制（或用废旧锉刀改制）。粗刮刀的冷却方法与錾子的冷却方法相同，冷却剂可用浓度为10%的盐水，其目的是增加淬火后的硬度。粗刮刀最好使用双液冷却法，即水淬、油冷的方法。刮刀淬火时的回火温度要低于錾子淬火时的回火温度（约200℃，呈白色）。

刮刀放入炉中烧红部分的长度为25mm左右，入冷却液的深度约为8~10mm较为适宜。

三、平面刮削的操作姿势和动作要领

1．操作姿势

常用的操作姿势有手刮式和挺刮式两种。

（1）手刮式。手刮式的操作姿势如图9－10所示，其优点是：操作方便，动作灵活，适应性强，可在各种工作位置上进行，对刮刀长度要求不太严格。其缺点是

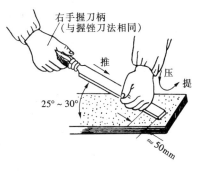

图9－10　手刮式刮削

手易疲劳，不适于加工余量较大的场合。

（2）挺刮式。挺刮式的优点是刮削力量大，工作效率较高，适合加工余量较大的场合。挺刮式的操作姿势见图9－11所示。两手动作和握刀方法见图9－12所示。

2．动作要领

刮削平面时，无论采用手刮式还是挺刮式，均由下压、前推和上提三个有机动作组成，并且三个动作是协调配合完成的。

下面以挺刮式为例，简述其动作要领。

如图9－13所示，开始刮削时，刮刀刃口接触被刮削平面，落刀的角度为15°~25°为宜。落刀时的部位由右手控制，且要求落刀平稳，将刮刀轻轻放下。落刀后两手用力下压（下压动作主要由左手完成），与此同时，通过腰部和左腿完成前推运动，紧接着右手迅速提刀。

刮刀柄抵在右大腿根部(小腹右下侧)

推

左手靠拢右手、手头盖在右手上、小鱼脊肌压在刮刀面上

≈ 80mm

右手握住刀压身前端大拇指放在刀身上面

提

两腿前后站立也可左右叉开站立

图 9 – 11　挺刮式刮削

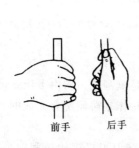

前手　　后手

图 9 – 12　挺刮式两
　　手的握刀方法

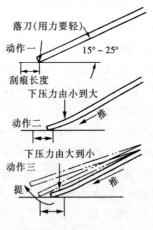

落刀(用力要轻)

动作一　　15°～25°

刮痕长度

下压力由小到大

动作二　　推

下压力由大到小

动作三

提　　推

图 9 – 13　挺刮式
　　动作要领

在下压、前推和上提三个动作中，左手的压力，腰、腿的前挺与右手的提刀相配合，控制刀迹的深浅、长短和形状。

挺刮式动作要领

双脚要站稳，弯腰身前倾。

双手握刀前，小腹（右下）抵刀柄。

右手控制刀，落刀平又轻。

左手向下压，腰腿向前挺。

右手迅速提，瞬间即完成。

四、平面刮削方法

1. 刮削前的准备工作

（1）刮削工量具的准备。根据刮削要求，准备好所需要的刮刀、校准工具和量具等。

（2）刮削场地和工件安放。刮削场地的光线和室温应适宜。刮削平板时，应将平板平稳地安放在刮削工作台上。刮削工作台的高度要根据操作者的身高和工件确定。通常，用挺刮式操作时，刮刀柄所处的位置距刮削平面约 150mm 为宜。刮削时，工作台必须稳固，不能有晃动现象。

（3）工件的准备。刮削前，先用锉刀倒掉刮削面棱边上的锐边和毛刺，以防划伤手指或对研时划伤刮削面。然后，再将刮削面擦拭干净。

（4）显示剂的准备。将红丹粉与机油调匀后，放入盒内。

（5）对研和显点。刮削工件与基准工具对研显点的方法，可根据刮削工件的形状和刮削面的大小确定：

中小工件研点时，基准工具不动，推研工件。若被刮面等于或稍大于基准工具，推研时工件伸出部分的长度不能超过工件长度的 1/3，见图 9 – 14。

推研时，要经常调换方向和位置，压力要均匀，

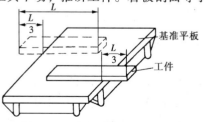

图 9 – 14　中小工件的研点方法

见图 9 – 15。

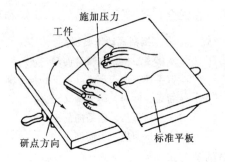

图 9 – 15 推研方法

　　若前后两次显示情况出现矛盾时（图 9 – 16），应认真分析，找出原因再对研。

　　大型工件（如机床导轨面）研点时，工件不动，推研基准工具。推研时，基准工具超出被刮面的长度应小于基准工具长度的 1/5，见图 9 – 17。

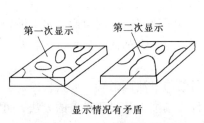

图 9 – 16 分析比较研点　　　图 9 – 17 大型工件的研点方法

　　质量不对称的工件研点时，应在工件不同部位托或压，使被刮面贴紧基准工具，见图 9 – 18。

　　对薄板工件研点时，不能直接用手按，应衬垫平板，见图 9 – 19。

　　2. 刮削步骤和方法

　　平面刮削一般要经过粗刮、细刮、精刮和刮花四个步骤。

　　（1）粗刮。粗刮的目的是消除较大缺陷，如较深的加工刀纹、锈斑和较大面积的凹凸不平等缺陷。

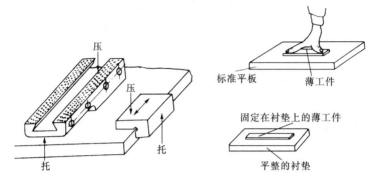

图9-18 不对称工件的研点方法　图9-19 薄板工件的研点方法

粗刮的方法是，采用长刮法刮削，即刮削刀迹较长（约15～30mm），且连成一片而不重刀，刀迹的宽度应为刀刃宽度的2/3～3/4。然后涂抹显示剂，对研后刮削研点。当粗刮到每25mm²内有4～6点时，粗刮结束，见图9-20。

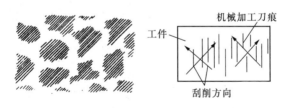

图9-20 粗刮

粗刮的要求是：第一，刮削时先顺机械加工刀纹方向（或与工件成45°角的方向）刮削第一遍，见图9-20。然后调转90°，从另一个方向刮削第二遍。第二，整个刮削面要均匀，不能出现中间低、边缘高的现象。第三，刮削不能出现重刀、漏刀的现象，也不允许出现过深的落刀痕迹和沟槽。

（2）细刮。细刮的目的在于增加接触点，进一步改善刮削面不平的现象。

细刮时，采用短刮法刮削，即刮削刀迹短而宽，其长度约为

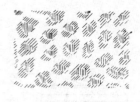

图 9 - 21　细刮

刀刃宽度，其宽度约为刀刃宽度的 1/3 ～ 1/2。随着研点的增多，刀迹的长度应逐渐缩短。当刮削面上显示出的研点分布均匀，且每 $25mm^2$ 内达 12 ～ 15 点时，细刮结束，见图 9 - 21。

细刮的要求是：第一，细刮时，刀刃应对准研点按一定方向（通常与平面边缘成一定角度）刮削一遍。刮削第二遍时，须改变方向交叉刮削。第二，刮削研点时要注意把研点周围刮去，使其周围的次高点显示出来，增加研点数目。第三，刮削研点时，刮削力要有轻重变化。对研后显示出来的硬点（发亮的研点）应刮重些，显示出来的软点（暗淡的黑色研点）应刮轻些。

（3）精刮。精刮的目的是进一步增加研点数目，提高工件的表面质量，使刮削面精度和表面粗糙度达到要求。精刮后，每 $25mm^2$ 内有 20 ～ 25 个研点，见图 9 - 22。

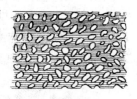

图 9 - 22　精刮

精刮时采用筛选刮点法刮削。刮削刀迹的长度约为 5mm，宽 4mm，刮削精度愈高时，刀迹愈狭、愈短。筛选研点的方法是：刮大点，挑中点，留小点，即最大、最亮的研点重刮，中等研点轻刮，小点留下不刮。

精刮的要求是：第一，刮削时，压力要轻，提刀要快，每个研点只刮一刀，不允许重刀。第二，自始至终交叉刮削。第三，在精刮结束前的最后二、三遍，应注意到刀迹交叉、大小一致，排列整齐，增加刮削面的美观。

（4）刮花。所谓刮花，就是在已刮好的工件外露表面上刮出排列整齐、形状一致的花纹。刮花的目的，一是增加刮削面的美观，二是使滑动件之间有良好的润滑条件。由此还可根据花纹的消失程度判别刮削面的磨损情况。常见的花纹和刮削方法见表 9 - 4。

表 9 - 4　　　　　　　　　常见刀花的刮法

刀花名称	刀花图形	刮 削 的 方 法
月牙花		（1）用铅笔按刀花的间格在要刮花的平面上划格线。 （2）沿划好的格线刮花。其要领：右手握刀柄向前推，同时左手握刀杆扭动刮刀。刃口右边先接触工件，逐渐向左压平。而后再逐渐扭向右边，接触工件后抬起刮刀。这样就完成了一个刀花的动作
链条花		（1）同月牙花。 （2）沿划好的格线连续刮一串月牙花。 （3）再按相反的方向，与前一串刀花错半个花距，沿同一方向刮一串月牙花，即刮成链条花
地毯花		（1）同月牙花。 （2）用平刃口刮刀，刀宽依花的宽度而定。 （3）沿纵向按划好的格线，每隔一格刮一方块花。方块花角与角相接，形成没刮花的角与角相接的空白方块。 （4）沿横向在空白方块中刮方块花。 （5）每一方块花平行刮 2～3 次。横纵方向刀花刮完即为地毯花
波形花		（1）同月牙花。 （2）用小圆弧刃口刮刀，沿划好的格线刮花，要右手握刀柄，左手握刀杆向下压刮刀，并控制方向。刮刀沿划好的线向前推，同时连续左右摆动刮刀即刮出波形花

3. 刮削原始平板的方法

前面讲述的基准平板也称为标准平板。在没有标准平板的情况下，可以用三块机械加工后的平板通过互研互刮的方法刮削成原始的标准平板。

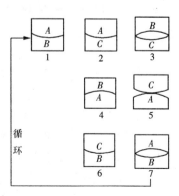

如图 9 - 23 所示，刮削前，先将三块平板依次编号为 A、B、C，并进行单独粗刮，去掉机加工刀纹。然后按下列加工步骤进行

图 9 - 23　原始平板的刮削步骤

刮削。

以 A 平板为过渡基准进行第一次对研刮削：①A、B 对研互刮，使 A、B 平板贴合；②A、C 对研，只刮 C 平板，并与 A 贴合；③B、C 对研互刮，并贴合，以 B 平板为过渡基准进行第二次对研刮削；④B、A 对研，只刮 A 平板，并与 B 贴合；⑤C、A 对研互刮，并贴合，以 C 平板为过渡基准进行第三次对研刮削；⑥C、B 对研，只刮 B 平板，并与 C 贴合；⑦A、B 对研互刮，至完全贴合。三次刮完后，再依次从头循环，直至任意两块对研每 $25mm^2$ 内有 12 点以上即可。

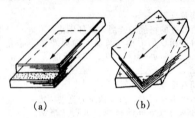

(a)   (b)

图 9 - 24 合研方法

(a) 正研法；(b) 对角研法

刮削原始平板时，采用合研方法对研显点。合研法有正研法和对角研法两种，见图 9 - 24。正研法的缺点是，有时显点出现假象，即三块平板出现同向扭曲。为了消除其扭曲现象，可采用对角研法，即高角对高角，低角对低角的对角研法。

五、刮削质量的检查

刮削质量检查的内容主要包括：尺寸精度、形状和位置精度、接触精度及表面粗糙度等。

检查刮削质量的常用方法见图 9 - 25。检查时，用边长 25mm 的正方形方框放在被检查面上，根据方框内的研点数目来决定接触精度。各种平面接触精度研点数的要求见表 9 - 5。检查刮削平面平行度和垂直度的方法分别见图 9 - 26。

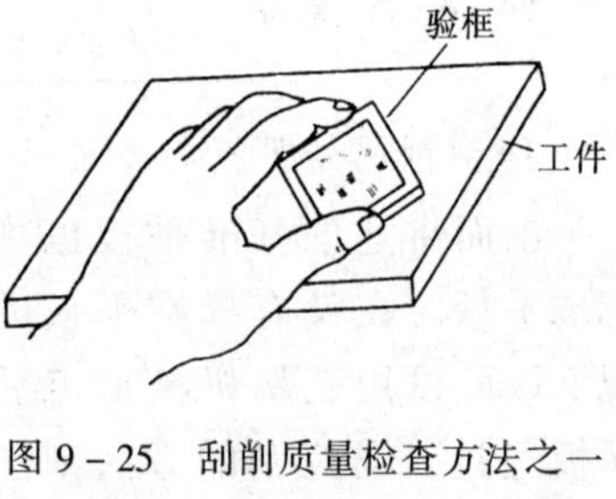

图 9 - 25 刮削质量检查方法之一

六、刮削的缺陷分析

刮削缺陷及其产生的原因见表 9 - 6。

表 9 – 5 **各种平面接触精度研点数**

平面种类	每 25mm × 25mm 内的研点数	应　　　　　用
一般平面	2 ~ 5	较粗糙机件的固定结合面
	5 ~ 8	一般结合面
	8 ~ 12	机器台面,一般基准面,机床导向面,密封结合面
	12 ~ 16	机床导轨及导向面,工具基准面,量具接触面
精密平面	16 ~ 20	精密机床导轨,直尺
	20 ~ 25	1 级平板,精密量具
超精密平面	> 25	0 级平板,高精度机床导轨,精密量具

注　表中 1 级平板、0 级平板系指通用平板的精度等级。

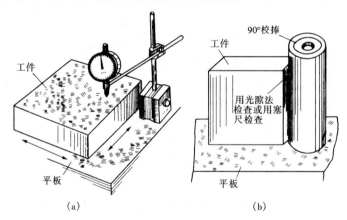

（a）　　　　　　　　　　　　（b）

图 9 – 26　刮削质量检查方法之二

（a）检查工件平行度；（b）检查工件垂直度

表 9 – 6　　　　　　**刮削缺陷及产生的原因**

刮削缺陷	特　　征	产　生　原　因
振痕	刮削面上出现有规则的波纹	多次同向刮削,刀迹没有交叉
撕纹	刮削面上有粗糙的刮削刀纹	刀刃有缺口或有裂纹
刀痕	落刀时的痕迹,较正常刀迹深	落刀时的角度过大,刀落过重
沟槽	较深的沟纹	操作时,刮刀未能平稳地接触刮削平面

刮削缺陷	特　　征	产　生　原　因
划道	刮削面上划出深浅不一的直线	研点时，夹有砂粒、铁屑等杂质或显示剂不干净
深凹	刮削面上研点局部稀少或刀迹与显示点高低相差太多	（1）粗刮时，用力不均，局部落刀太重或多次刀迹重叠； （2）刀刃弧形磨得过大
刮削不精确	显点情况无规律地改变	（1）合研时压力不均，或工件伸出太长出现假点； （2）校准工具本身不精确

七、刮削安全注意事项

（1）在砂轮机上修磨刮刀时，应站在砂轮机的侧面，压力不可过大。

（2）刮削前必须将工件的锐边、锐角去掉，以防伤手。

（3）刮削工件与校准工具对研接触时，要轻而平稳，并且要擦拭干净，防止损坏工件或工具。

（4）刮削工件的边缘时，刮削方向应与边缘呈一定角度，且用力不可过猛，以防人冲出去发生事故。

（5）刮刀用后，要放置平稳，妥善保管，严禁拿刮刀开玩笑。

操作训练 17　平面刮刀的刃磨及热处理练习

1. 训练要求

（1）掌握刮刀粗磨和细磨的方法，刃磨后角度要正确，刃口锋利无缺陷；

（2）掌握平面刮刀热处理的方法和过程。

2. 设备、工具及辅助材料

砂轮机、锻造炉、油石、机油、冷却剂（水）等。

3. 训练安排

（1）在砂轮机上粗磨刮刀毛坯，使其达到粗磨要求；

（2）在油石上进行细磨；

（3）热处理；

（4）第二次在油石上细磨。

操作训练 18 平面刮削练习

1．训练要求

（1）掌握挺刮式的动作要领；

（2）掌握磨点对研刮削的技术；

（3）达到细刮要求（每 25mm^2 内有 12～15 点），表面粗糙度 $\leqslant R_a 1.6$。

2．工具、量具、辅助材料

标准平板、刮削工作台、平面刮刀、油石、红丹粉等。

3．备料

100mm×100mm×25mm（HT150）。

4．工件图

刮削小平板工件如图 9-27 所示。

5．技术要求

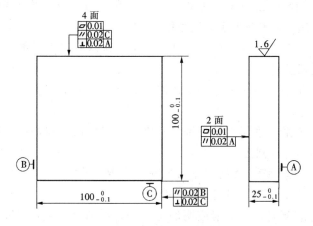

图 9-27 刮削小平板工件

（1）坯料由刨床加工成，$100^{+0.20}_{+0.10} \times 100^{+0.20}_{+0.10} \times 25^{+0.20}_{+0.10}$；

（2）每面要求每 25mm^2 内不少于 16 点，无明显刀痕、撕纹；

（3）用 $0^{\#}$ 砂布将棱边倒钝。

6. 训练安排

（1）做好刮削前的准备工作（调合涂料、刃磨刮刀、去掉铸铁板上的毛刺和锐边等）。

（2）粗刮平板平面：

1）采用长刮法去除机械加工刀纹；

2）涂显示剂，在标准平板上对研后刮削研点；

3）刮削到每 25mm^2 内有 4~6 点时转入细刮。

（3）细刮平板平面：涂色对研后采用短刮法刮削研点，当研点分布均匀，每 25mm^2 内达 12~15 点时结束。

✐ 复习题

一、判断题

1. 粗刮时，显示剂应涂在工件上；精刮时，显示剂应涂在标准件上。　　　　　　　　　　　　　　　　　　（　　）

2. 刮削时，由于刮刀是正前角切削，对工件表面有推挤、压光作用，从而降低了表面粗糙度。　　　　　　　（　　）

3. 由于红丹粉颗粒细，显示清晰，所以应用于精密工件和有色金属的显点。　　　　　　　　　　　　　　　（　　）

4. 中小工件推研时，工件伸出部分的长度不能超过工件长度的一半。　　　　　　　　　　　　　　　　　（　　）

5. 粗刮时采用的是长刮法；细刮时采用的是短刮法；精刮时采用的是点刮法。　　　　　　　　　　　　　（　　）

6. 刮削属于半精加工，是机床可以取代的加工。　　（　　）

7. 平面精刮刀切削刃是直线型。　　　　　　　　　（　　）

8. 粗刮时，显示剂应调的稀一些；精刮时，显示剂应调的稠一些。　　　　　　　　　　　　　　　　　　（　　）

二、选择题

1. 工件在机加工后留下的刮削余量不宜太大，一般为（　　）。

（1）0.05～0.4mm；（2）0.4～0.5mm；（3）0.04～0.05mm。

2. 经刮削后工件表面组织将变得比较（　　）。

（1）疏松；（2）致密；（3）一样。

3. 刮削时，当刮到每 $25mm^2$ 内有（　　）点时，细刮结束。

（1）4～6；（2）8～12；（3）12～15。

4. 在刃磨细刮刀时，楔角应控制在（　　）左右。

（1）90°；（2）95°；（3）97°。

5. 平面刮削时的落刀角度以（　　）为宜。

（1）10°～15°；（2）15°～25°；（3）20°～35°。

三、问答题

1. 简述刮削的原理。

2. 简述刮削的作用。

3. 简述挺刮式的动作要领。

4. 简述平面刮削的步骤。

综合训练

操作训练 19　制作 0.22kg 鸭嘴锤

1. 训练目的及要求

（1）巩固提高测量、划线、錾削、锯割、锉削和钻孔等基本操作技能；

（2）提高修磨錾子、钻头等工具的能力；

（3）熟悉鸭嘴锤的加工步骤和技术要求；

（4）在教师指导下，独立完成作业，达到图样技术要求。

2. 工作图（参考）

鸭嘴锤的工件，如图 10－1 所示，由操作训练 11 转来。

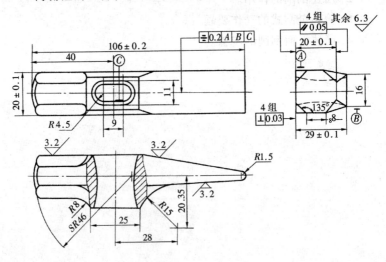

图 10－1　鸭嘴锤

3. 训练安排

（1）熟悉工件图、加工步骤和技术要求；

（2）准备工具、量具和辅具；检查毛坯尺寸；

（3）在教师指导下，参考表 10－1 所示的加工步骤进行加工。

表 10－1　　　　　　　　　鸭嘴锤加工步骤

加　工　步　骤	图　　　示
1．錾、锯、锉长方体（单项训练已完成）	（1）复查来料尺寸和划线尺寸，见图(a)； （2）按图(b)所示锯割左右两面； （3）按图(b)所示錾削上下两面； （4）锉削长方体，达到图(c)要求	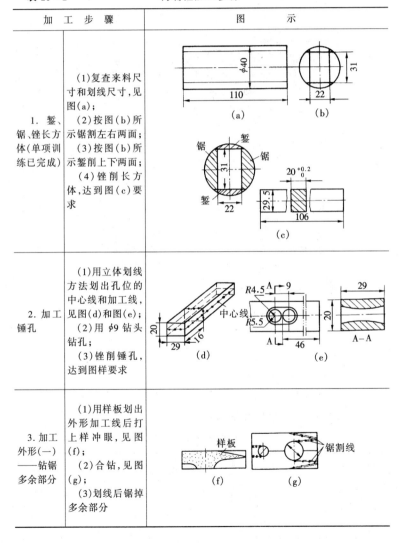
2．加工锤孔	（1）用立体划线方法划出孔位的中心线和加工线，见图(d)和图(e)； （2）用 φ9 钻头钻孔； （3）锉削锤孔，达到图样要求	
3．加工外形(一)——钻锯多余部分	（1）用样板划出外形加工线后打上样冲眼，见图(f)； （2）合钻，见图(g)； （3）划线后锯掉多余部分	

223

加 工 步 骤	图　　示
4.加工外形(二)——锉削外形	(1)按图(h)所示,依次锉削①、②、③面,要求三面与基准面垂直,轮廓线清晰,曲面与平面连接圆滑; (2)划出两斜面加工线后,锉削斜面,见图(i); (3)划出正八边形和 $R8$ 圆弧加工线; (4)锉削正八边形和 $R8$ 圆弧
5.精修外形	(1)锉削头部 $R1.5$ 圆弧,锤底锉削成球面($SR46$),见图(j); (2)精修外形各面,达到图样各项技术要求; (3)用细锉和砂布抛光

4.加工步骤（参考）

鸭嘴锤的加工步骤见表10－1。

5.评分标准

鸭嘴锤的评分标准见表10－2。

表10－2　　　　鸭嘴锤评分表（参考）

项　　目	技 术 要 求	配分	扣 分 标 准	检测手段
尺寸要求	105 ± 0.2mm	5	每超差 0.2 扣 1 分	游标卡尺
	29 ± 0.1mm	10	每超差 0.04 扣 2 分	
	20 ± 0.1mm	10		

224

项　　目	技　术　要　求	配分	扣　分　标　准	检测手段
平行度	0.05mm（4组）	10	每超差 0.04 扣 5 分	百分尺
垂直度	0.03mm（4组）	10	每超差 0.04 扣 5 分	角尺、塞尺
对称度	0.2mm	15	每超差 0.1 扣 5 分	游标卡尺
外形轮廓	线条清晰、连接圆滑清晰	30	一处不好扣 3 分	目测
表面粗糙度	$Ra3.2$　　$Ra6.3$	10	每降一级扣 5 分	样板目测
安全文明	遵章守纪	100	违章违纪一次扣 5～20 分	检查记录

操作训练 20　锉配六方体

1．训练目的及要求

（1）巩固提高测量、划线、錾削、锉削等基本操作技能；初步掌握锉配操作技能。

（2）熟悉六方体的加工方法和技术要求。

（3）熟悉锉配六方的加工步骤、锉配方法和技术要求。

（4）在教师指导下，独立完成作业，达到图样中的技术要求。

2．工作图（参考）

件Ⅰ如图 10 – 2（a）所示，件Ⅱ如图 10 – 2（b）所示。

3．备料

件Ⅰ $\phi30 \times 65$mm（Q235）；

件Ⅱ由操作训练 10 转来。

4．训练安排

（1）熟悉件Ⅰ、件Ⅱ工作图，加工步骤、方法和技术要求。

（2）准备工具、量具和辅具；检查件Ⅰ、件Ⅱ备料尺寸。

（3）在教师指导下，按下列加工步骤进行加工。

5．錾锉六方体（件Ⅰ）

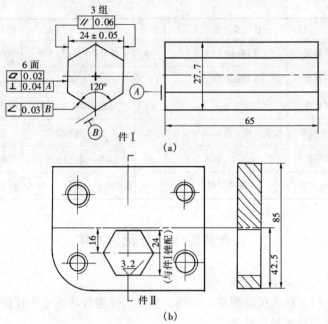

图 10-2　锉配六方体

　　六方体的加工方法见表 10-3。加工好后锉削件 Ⅱ，使其达到图样技术要求。

表 10-3　　　　　　　　　　六方体的加工方法

加 工 方 法	图　　　示
（1）加工基准面 A，使其达到平面度、垂直度要求，并确定 A 面的圆心	
（2）用立体划线方法，划 a 面加工线；錾锉 a 面，达到平面度、垂直度及尺寸精度要求	$M = D - \dfrac{D - S}{2}$

226

加 工 方 法	图 示
（3）以 a 面为基准，划出 b 面加工线；錾锉 b 面，达到平面度、平行度、垂直度及尺寸精度要求	
（4）以 a 面为基准，錾锉 c 面，达到平面度、垂直度、角度及尺寸精度要求	$$M = D - \frac{D-S}{2} + 0.1$$
（5）以 c 面为基准划出 d 面加工线；錾锉 d 面，达到平面度、平行度、角度及尺寸精度要求	
（6）錾锉 e 面，且修锉 d 面（使用边长样板），使 e 面达到平面度、角度和边长尺寸精度要求	
（7）以 e 面为基准，划出 f 面加工线；錾锉 f 面，且用边长样板修锉 c 面，使 f 面达到平面度、角度和边长尺寸精度要求。 （8）去除毛刺，全部精度复查	

227

注意事项：

（1）在加工时，对尺寸精度（尺寸公差）、形状精度（平面度）和位置精度（平行度、垂直度、角度）三个方面应统筹兼顾，不要顾此失彼。

（2）测量前，应去除工件毛刺。

（3）要求锉纹顺向一致。

6. 六方孔划线

（1）如图 10 – 3（a）所示。以 A 面为基准，用高度游标尺划出平行于 A 面的三条平行线（应先划水平中心线），两组平行线间的距离为 $12_{-0.06}^{0}$mm。

（2）如图 10 – 3（b）所示。以 B 面为基准，用高度游标尺划出平行于 B 面的三条平行线（应先划水平中心线），两组平行线间的距离为 13.8mm。连接各线交点。

（3）划线后，用件Ⅰ进行复检。

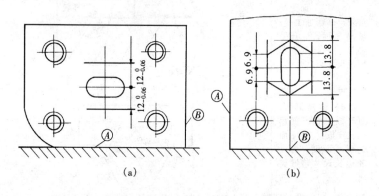

图 10 – 3　六方孔划线

（a）以 A 面为基准划线；（b）以 B 面为基准划线

7. 锉削六方孔

（1）粗锉六方孔各面至接近加工线（每边留 0.1～0.2mm 细锉余量）。要求各面的平面度、相对两面的平行度及相邻两面 120°角基本正确。

228

（2）如图 10-4 所示，先细锉六方孔相邻的 a、b、c 三面至正反两面加工线。要求平面度、垂直度误差控制在最小范围内，六方孔棱线平直、清晰，120°角准确（用样板检查）。然后用六方体作定向配修（作好定向标记），使 a、b、c 面的边长及角度与六方体一致。

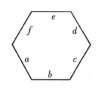

图 10-4　细锉六方孔的顺序

（3）细锉 a、b、c 三面的平行面 d、e、f。其要求与细锉 a、b、c 三面相同。然后，用六方体在六方孔的正、反两面作定向锉配，直至达到较紧的嵌入六方孔孔口。

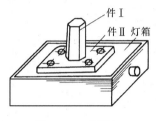

图 10-5　利用灯箱检验配合情况

定向整体锉配：先将件 I 嵌入件 II 六方孔孔口，然后放在灯箱上（见图 10-5），用透光法和涂色法边检查边精修，使其配合面透光均匀，六方体逐步嵌入，达到滑动配合要求。

注意事项：

（1）锉削六方孔时，应注意清角，六方孔的棱线应平直、清晰。清角时，要防止锉伤邻面。

（2）锉配前，应作好标记、定向配入。

（3）六方孔各面的平面度误差应控制在最小范围，否则配合后将产生较大的喇叭口。

（4）在作整体锉配过程中，件 I 应始终垂直于件 II 嵌入，否则将产生较大的配合间隙。

（5）在试配过程中，不允许用手锤敲击，防止损伤配合件。

（6）件 I 配入件 II 的长度不小于 10mm。

8．评分标准

评分标准见表 10-4。

表 10 – 4　　　　　锉配六方体评分标准（参考）

项　目		技术要求	配分	扣分标准	检测手段
件Ⅰ	尺寸要求	24 ± 0.05(3 组)	9	每超差 0.05 扣 3 分	百分尺
		65 ± 0.1	3	每超差 0.05 扣 1 分	游标卡尺
	平面度	0.04(6 面)	6	每超差 0.01 扣 1 分	刀口尺、塞尺
	平行度	0.04(3 组)	18	每超差 0.01 扣 1 分	百分尺
	角度　90°	0.04(6 处)	6	每处超差扣 1 分	角尺、塞尺
	120°	0.03(6 处)	6	每处超差扣 1 分	样板、塞尺
	表面粗糙度	Ra3.2	6	每降一级扣 3 分	样板、目测
锉配	喇叭口	≤0.15	12	每超差 0.03 扣 4 分	塞尺
	配合间隙	≤0.1	24	每超差 0.02 扣 6 分	塞尺
	清　角	六方孔棱线清晰	6	一处不清晰扣 1 分	目测
	表面粗糙度	Ra3.2	4	每降一级扣 2 分	样板、目测
安全文明		遵章守纪	100	违章违纪一次扣 5 ~ 20 分	检查记录

操作训练 21　制作六角螺母

1．训练目的及要求

（1）巩固提高测量、划线、锯割、锉削、钻孔、锪孔和攻螺纹等基本操作技能；

（2）熟悉制作螺母的加工步骤、加工方法和技术要求；

（3）独立完成作业，达到图样技术要求。

2．工具、量具及辅具

划线工具、手锯、锉刀、游标卡尺、角尺、样板、丝锥、铰杠等。

3．备料

由操作训练 20 转来。

4．工作图（参考）

M14 六角螺母工件图如图 10 – 6 所示。

5．训练安排

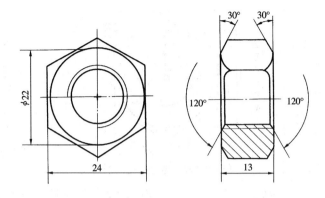

图 10 - 6　六角螺母

（1）通过教师讲解，熟悉工件图、加工步骤和技术要求；

（2）准备工具、量具；检查备料尺寸；

（3）参照下列加工步骤进行加工。

6．加工步骤

（1）按图 10 - 7 要求划线后锯割六方体；

（2）锉削螺母厚度尺寸，达到平面度、平行度和垂直度要求；

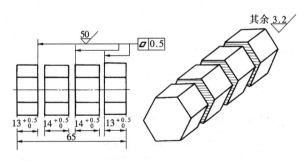

图 10 - 7　划线锯割六方体

（3）计算螺纹底孔钻头直径尺寸，按图 10 - 8 要求划线，复查尺寸无误后，打上样冲眼；

（4）钻孔、锪孔口。先用 $\phi3 \sim \phi4$ 钻头钻一浅窝（深约 3mm

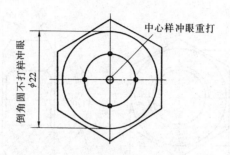

图 10-8 六角螺母钻孔前的划线

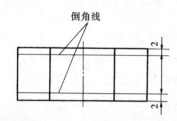

图 10-9 六角螺母倒角前的划线

左右），再用底孔钻头钻穿，最后用大于丝锥大径钻头锪孔口；

（5）攻螺纹、倒角。攻螺纹后，将六角螺母夹持在台虎钳上，用锉削外曲面方法进行倒角。倒角前，应划出倒角高度线（约 2mm），见图 10-9 所示。倒角的要求是：相贯线对称、倒角面圆滑、内切圆准确。

（6）去毛刺、打光，达到表面粗糙度要求。

7. 注意事项

（1）划锯割线时，要留有锯缝加工余量（2mm）；锯割时不要多面起锯锯割；

（2）钻孔前，中心样冲眼必须要准确、重打；小孔要钻正。

8. 评分标准（参考）

六角螺母评分标准见表 10-5。

表 10-5　　　　　　六角螺母评分标准（参考）

项　目	技 术 要 求	配分	扣　分　标　准	检测手段
尺寸要求	13 ± 0.1	20	一个超差扣 5 分	游标卡尺
平行度	0.1	16	一个超差扣 4 分	
垂直度	0.05	16	一个超差扣 4 分	角尺塞尺
钻　孔	位置偏差＜0.2	20	一个超差扣 5 分	游标卡尺

项　目	技　术　要　求	配分	扣　分　标　准	检测手段
攻　丝	牙形完整	8	一个不正确扣 2 分	目　测
倒　角	见倒角要求	12	一个不符合要求扣 3 分	
表面粗糙度	$R_a6.3$	8	一个不符合要求扣 2 分	样板、目测
安全文明	遵章守纪	100	违章违纪一次扣 5～20 分	检查记录

操作训练 22　半燕尾块锉削练习

1．训练目的及要求

（1）巩固提高操作者综合技能；

（2）巩固提高操作者修磨锉刀，钻头等工具的能力；

（3）巩固提高操作者锉削小平面的能力与清锐角工艺；

（4）培养操作者分析、解决问题的能力；

（5）培养操作者检测尺寸换算及三角函数运用能力；

（6）达到图样的技术要求。

2．工具、量具及辅具

划线工具、手锤、錾子、手锯、锉刀、钻头、游标卡尺、百分尺、角尺、刀口尺、百分表、V 型铁等。

3．备料（见图 10－10）

51 ± 0.1 mm $\times 81 \pm 0.1$ mm $\times 8_{-0.5}^{0}$ mm （45 钢）。

4．半燕尾块工作图（见图 10－11）

5．加工步骤

加工工艺编排：首先分析图样，此工件首先加工四方外形，然后钻孔，再加工工件右侧工字型部分，最后加工工件左侧单燕尾。

（1）外形尺寸加工：

1）加工 A、B 两基准平面。要求：平面度、垂直度、表面粗糙度达到图样要求。

2）分别加工 A、B 面的对面。要求：加工过程中注意控制

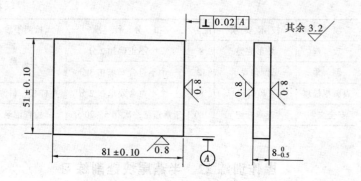

图 10 – 10 半燕尾块备料

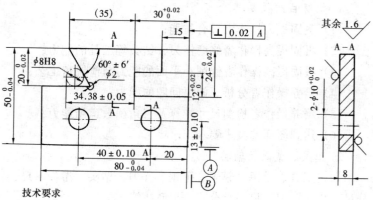

技术要求

1. 锐边倒棱 $R0.30$
2. 未注公差尺寸按GB1804-m

图 10 – 11 半燕尾块工件

尺寸及各种形位公差，使其达到图样要求。

（2）钻孔：

根据图样要求，划出两孔加工线，在孔中心位置打样冲眼，打孔时注意控制边距与中心距。

（3）加工工件右侧工字形部位：

1）根据图样要求划线，打抽料孔，锯下多余部份，锉削加工各面并达到图样要求精度。

2）加工完成时注意清角。

（4）加工燕尾部位：

1）根据图样划线，划线前首先以 B 基准算出燕尾交点位置尺寸$[34.38-(r+r/\tan30°)]+30$（公式中 r 为检验圆柱半径）。

2）钻清角孔。

3）加工燕尾两面（注意：应先加工位于水平位置表面至尺寸要求，再加工斜面至尺寸要求），利用万能量角器控制60°，利用测量圆柱与百分尺控制34.38。

6．评分标准（见表 10 - 6）

表 10 - 6 　　　　　半燕尾块评分标准（参考）

序号	技术要求	配分 T/R_a	评 分 标 准				检测手段
			$\leq T$ $\leq 2R_a$	$> R_a$ $\leq 2R_a$	$> T$ $\leq 2T$	$\leq R_a$	$> T$ $> R_a$	$> 2R_a$ 或 $> 2T$	
1	$80_{-0.04}^{\ 0} R_a 1.6$ 两处	8/4	8	4	0	外径百分尺
2	$50_{-0.04}^{\ 0} R_a 1.6$ 两处	10/4	10	4	0	外径百分尺
3	$30_{0}^{+0.02} R_a 1.6$	4/2	4	2	0	外径百分尺
4	$24_{-0.02}^{\ 0} R_a 1.6$	6/2	6	2	0	外径百分尺
5	$20_{-0.02}^{\ 0} R_a 1.6$	6/2	6	2	0	外径百分尺
6	$12_{0}^{+0.02} R_a 1.6$	6/2	6	2	0	光面塞规
7	$60° \pm 6' R_a 1.6$	8/2	8	2	0	万能角度尺
8	34.38 ± 0.05	12	12	0		外径百分尺
9	$2-\phi 10_{0}^{+0.02} R_a 1.6$ 两处	6/2	6	2	0	光面塞规
10	40 ± 0.10	6	6	0		游标卡尺
11	13 ± 0.10	4	4	0		游标卡尺
12	⊥ 0.02 A	4	4	0		90°角尺、塞尺
13	未列尺寸及 R_a	每超差一处扣 1 分				游标卡尺
14	外　观	毛刺、损伤、畸形等扣 1～5 分				目　　测
		未加工或严重畸形另扣 5 分				目　　测
15	安全文明生产	酌情扣 1～5 分，严重者扣 10 分				记　　录

操作训练 23　斜台换位对配练习

1．训练要求

（1）巩固提高操作者综合技能；

（2）巩固提高操作者修磨锉刀，钻头等工具的能力；

（3）巩固提高操作者锉削小平面的能力与清钝角工艺；

（4）培养操作者分析、解决问题的能力；

（5）培养操作者检测尺寸换算及三角函数运用能力；

（6）达到图样的技术要求。

2．工具、量具及辅具

划线工具、手锤、錾子、手锯、锉刀、钻头、游标卡尺、百分尺、角尺、刀口尺、百分表、V 型铁、块规等。

3．备料（见图 10 - 12）

46 ± 0.02mm $\times 46 \pm 0.02$mm $\times 8_{-0.5}^{0}$mm（45 钢）两件。

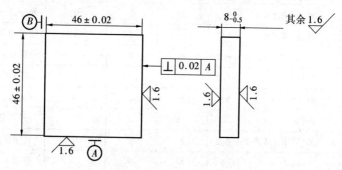

图 10 - 12　斜台换位对配备料

4．斜台换位对配工件（见图 10 - 13）

5．加工步骤

加工工艺编排：首先分析图样，此工件首先按照图样要求加工两四方外形，再分别加工各件，最后钻孔。

（1）加工件一：

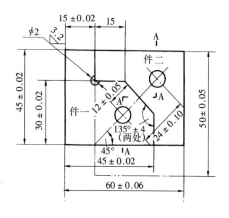
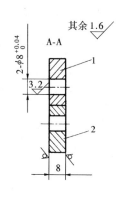

1. 件 1 按件 2 配作,锐边倒棱 R 0.3。
2. 配合(件 2 翻转 180°)配合间隙 0.06。
3. 外形(件 2 翻转 180°)错位 0.05。
4. 未注公差尺寸按 GB1804-m。

图 10 - 13 斜台换位对配工件

1)根据图样尺寸划线,钻出清角孔。

2)按照加工线,将多余部分锯掉。

3)加工各面,控制尺寸,45 度斜面可将工件放置在 V 型铁上,打百分表(或用万能量角器)控制角度;用百分尺控制尺寸。

(2)加工件二:

1)根据图样尺寸划线。(在加工过程中所有尺寸的控制应结合件一的实际尺寸误差)

2)钻抽料孔。

3)锯掉多余部位,利用百分尺控制各部尺寸,将工件放置在 V 型铁上,打百分表控制 45°斜面的角度。

(3)整体修配。

(4)钻孔:

1)件一:以件一斜面为基准划件一的孔位加工线(一条中心线),将两工件配合在一起放置在 V 型铁上划出此孔的第二条中心线，同时划出了件二的一条中心线。

2）件一打孔。

3）将件一的孔内插入 8mm 圆柱。找正加工出件二上的孔。

6．评分标准（见表 10 - 7）

表 10 - 7　　　　　　斜台换位对配评分标准（参考）

序号	技术要求	配分 T/R_a	评 分 标 准			检测手段
			$\leq T$ $\leq R_a$	$> R_a$ $\leq 2R_a$	$> T$ $\leq 2T$	$\leq R_a$	$> T$ $> R_a$	$> 2R_a$ 或 $> 2T$	
1	45 ± 0.02 两处 $R_a 1.6$	12/4	12	4		0	外径百分尺
2	$15 \pm 0.02 R_a 1.6$	6/2	6	2		0	外径百分尺
3	$135° \pm 4'$ 两处 $R_a 1.6$	10/2	10	2		0	万能角度尺
4	$12 \pm 0.05 R_a 1.6$	6	6	0			游标卡尺
5	60 ± 0.06 两处 $R_a 1.6$	12/2	12	2		0	外径百分尺
6	24 ± 0.10	8	8	0			游标卡尺
7	$2 - \phi 8^{+0.04}_{0} R_a 3.2$	4/2	4	2		0	游标卡尺
8	30 ± 0.02	6	6	0			外径百分尺
9	配合间隙 0.06	16	16	0			塞　尺
10	外形错位 0.05	8	8	0			塞　尺

操作训练 24　直角圆弧锉配练习

1．训练要求

（1）巩固提高操作者综合技能；

（2）巩固提高操作者修磨锉刀，钻头等工具的能力；

（3）巩固提高操作者锉削圆弧的能力与清角工艺；

（4）培养操作者分析、解决问题的能力；

（5）培养操作者检测尺寸换算及三角函数运用能力；

（6）达到图样的技术要求。

2．工具、量具及辅具

划线工具、手锤、錾子、手锯、锉刀、钻头、游标卡尺、百分尺、角尺、刀口尺、百分表、V型铁、块规、半径规等。

3. 备料（见图 10-14）

$66 \pm 0.02 \text{mm} \times 122 \pm 0.20 \times 6_{-0.50}^{0} \text{mm}$（45 钢）。

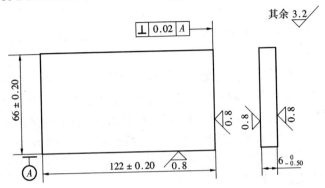

图 10-14　直角圆弧锉配备料

4. 直角圆弧锉配工件图（见图 10-15）

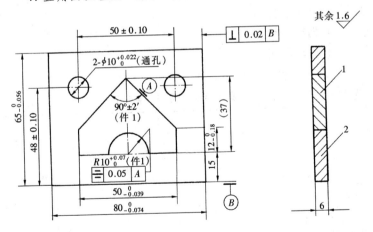

1. 件 2 配合面按件 1 配作。
2. 配合（翻转 180°配合）间隙 0.05。
3. 锐边倒圆 $R0.3$。

图 10-15　直角圆弧锉配工件

5. 加工步骤

加工工艺编排：

（1）首先加工工件各外表面，保证各面形位公差及尺寸要求（$65_{-0.056}^{0} \times 122$）。

（2）划线、锯割，将毛坯工件一分为二，其中一块尺寸为 $65_{-0.056}^{0} \times 80.5$。

（3）加工件一：先加工成四方，而后加工两斜面，最后加工内圆弧。加工件一时应注意各面的尺寸控制，两斜面划线及加工都可用具体尺寸控制、检测（可以计算出斜面距直角的距离，然后加装 V 型铁计算出实际尺寸），内圆弧可用半径规检测，内圆弧的对称度可用百分表检测。圆弧深度也可用百分表配合 V 型铁、块规进行检测。

（4）加工件二：首先划线加工各外表面，使其达到图纸要求。再划线，钻排孔抽料，根据件一的实际尺寸加工件二内部各面。可通过计算得出两内斜面控制、检测尺寸，圆弧部分以件一内圆弧为基准进行加工。

（5）划线、钻孔。

（6）修配各面。

6. 评分标准（见表 10 – 8）

表 10 – 8　　　　　直角圆弧锉配评分表（参考）

序号	技术要求	配分 T/R_a	评 分 标 准					检测手段
			$\leqslant T$	$> R_a$ $\leqslant 2R_a$	$> T$ $\leqslant 2T$	$\leqslant R_a$	$> T$ $> R_a$	$> 2R_a$ 或 $> 2T$	
1	$80_{-0.074}^{0} R_a 1.6$ 两处	6/2	6		2			0	外径百分尺
2	$65_{-0.056}^{0} R_a 1.6$ 两处	6/2	6		2			0	外径百分尺
3	$50_{-0.039}^{0} R_a 1.6$ 两处	6/2	6		2			0	外径百分尺
4	$12_{-0.18}^{0}$	4	4		0				游标卡尺
5	$R10_{0}^{+0.07} R_a 1.6$	8/4	8		4			0	半径样板
6	$90° \pm 2' R_a 1.6$ 两处	9/4	9		4			0	正弦规

序号	技术要求	配分 T/R_a	评 分 标 准					检测手段
			$\leq T$	$> R_a$ $\leq 2R_a$	$> T$ $\leq 2T$	$\leq R_a$	$> T$ $> R_a$	$> 2R_a$ 或 $> 2T$	
7	$2 - \phi 10^{+0.022}_{0}$ $R_a 1.6$ 两处	4/2	4		2		0		光面塞规
8	50 ± 0.10	3	3		0				游标卡尺
9	48 ± 0.10	3	3		0				游标卡尺
10	⟋ 0.05 A	4	4		0				游标卡尺
11	⊥ 0.02 B	3	3		0				90°角尺
12	配合间隙 0.05	28	28		0				塞 尺
13	未列尺寸及 R_a		每超差 1 处扣 1 分						游标卡尺
14	外 观		毛刺、损伤、畸形等扣 1~5 分 未加工或严重畸形另扣 5 分						目 测
15	安全文明生产		酌情扣 1~5 分、严重者扣 10 分						记 录

241

第十一章

装 配 基 础 知 识

第一节 概 述

在生产或检修过程中，按规定的技术要求，将若干零件组合成部件或将若干零件和部件组合成机具或设备的过程，称为装配。

一、装配工作的重要性

机电产品一般是由许多零部件组成的，装配工作是机电产品制造或检修过程中的最后一道工序。装配工作的好坏对整个产品的质量起着决定性的作用。零部件连接不正确、配合不符合技术要求，机具或设备就不可能正常工作；零部件之间、机构之间的相互位置不正确，有的影响机具或设备的工作性能，有的甚至无法工作；在装配过程中，不重视清洁工作，粗枝大叶，乱敲乱打，不按工艺要求装配，也绝不可能装配出合格的产品。装配质量差的机具或设备，其精度低、性能差、功率损耗大、寿命短，这会造成极大的浪费。

二、装配工艺过程

产品的装配工艺过程由以下三个部分组成：

1. 装配前的准备工作

（1）研究和熟悉产品装配图及其技术要求，了解产品的结构、零件的作用以及相互的连接关系，确定装配的方法和顺序；

（2）准备所需要的工具和量具；

（3）对装配零件进行清理和清洗，去掉零件上的毛刺、锈蚀、切屑、油污及其他脏物；

（4）对有些零部件还需要进行刮削、修配、平衡以及密封零件的水压试验等工作。

2．装配工作

比较复杂的产品，其装配工作常分为部件装配和总装配。在装配的过程中，还要注意调整工作。

（1）部件装配。一般来说，凡是将两个或以上的零件组合在一起，或将零件与几个组合件结合在一起，成为一个装配单元的装配工作，都可以称为部件装配。

（2）总装配。将零件和部件组合成一台完整产品的过程叫总装配。

（3）调整工作。调整工作就是调节零件或机构的相互位置、配合间隙、结合松紧等，目的是使机构或机器工作协调。如轴承间隙、镶条位置、齿轮轴向位置等的调整工作。

3．检验和试车工作

（1）检验工作。检验工作就是精度检验，包括工作精度检验、几何精度检验等。

（2）试车工作。试车包括机构或机具运转的灵活性、工作温升、密封性、转速和功率等方面的检查。

第二节　装配时零件的清理和清洗

一、零件清理和清洗的重要性

在装配过程中，零件的清理和清洗工作对提高装配质量、延长产品使用寿命有着重要意义。特别对于轴承、精密配合件、液压元件、密封件以及有特殊要求的零件等更为重要。如装配主轴部件时，清洁工作不严格，将会造成轴承温升过高，并过早丧失其精度，对于相对滑动的导轨摩擦副，也会因摩擦面之间有砂粒和切屑等而加速磨损，甚至会出现导轨副"咬合"等严重事故。为此，在装配过程中必须认真做好零件的清理和清洗工作。

二、零件的清理

在装配前，零件上残存的型砂、铁锈、切屑、研磨剂、油漆灰砂等都必须清除干净。有些零件清理后还须涂漆（如变速箱、机体等内部涂以淡色的漆）。对于孔、槽、沟及其他容易存留污物及灰砂的地方，应仔细地进行清除。

在装配过程中，必须清除在装配时需要在某些零件上进行孔加工（如钻孔、铰孔、攻螺纹）后产生的金属切屑和毛刺。

清除型砂、飞边和铁渣可用錾子、钢丝刷等进行；清除加工面上的铁锈、干油漆可用刮刀、锉刀和砂布。对于重要的配合表面，在清理时，应注意保持其精度。

三、零件的清洗

1. 零件清洗方法

在单件和小批量生产中，零件的清洗是在洗涤槽内用棉纱或泡沫塑料进行的；而在成批大量生产中，则用洗涤剂清洗零件。

2. 常用清洗液

常用清洗液有汽油、煤油、柴油和化学清洗液。

（1）工业汽油。主要用于清洗油脂、污垢和一般粘附的机械杂质，适用于清洗较精密的零部件。航空汽油用于清洗质量要求高的零件。

（2）煤油、柴油。煤油和柴油的用途与汽油相似，但清洗能力不如汽油，清洗后干燥较慢，但比汽油安全。

（3）化学清洗液。又称乳化剂清洗液，对油脂、水溶性污垢具有良好的清洗能力。这种清洗液配制简单，稳定耐用，无毒，不易燃，使用安全，以水代油，节约能源。如105清洗剂、6501清洗剂可用于喷洗钢件上以机油为主的油垢和机械杂质。

3. 清洗时的注意事项

（1）对于一般橡胶制品，严禁用汽油清洗，以防发涨变形，而应使用酒精或清洗液进行清洗；

（2）清洗零件时，应根据零件的结构与精度，选用棉纱或泡沫塑料擦拭。如滚动轴承不能使用棉纱清洗，防止棉纱头进入轴承内，影响轴承装配质量；

（3）清洗后的零件，应等零件上的油滴干后再进行装配。同时，清洗后的零件不应放置时间过长，防止脏物和灰尘再次污染零件。

第三节　固定连接的装配

在装配时按照部件或零件连接的方式不同，连接可分为固定连接与活动连接（见表 11 - 1）。采用固定连接时，零件之间没有相对运动；采用活动连接时，零件之间在工作中能按规定的要求作相对运动。按连接能否拆卸又分为可拆卸和不可拆卸连接两类。可拆的连接，在拆卸时不致损伤其连接零件；而不可拆的连接，虽然有时也需要拆卸（如修理等），但拆卸往往比较困难，并会使其中一个或几个零件遭受损坏，在重装时不能复用或至少需作专门的修理后才能复用。

表 11 - 1　　　　　　　　连　接　的　种　类

固　定　连　接		活　动　连　接	
可拆的	不可拆的	可拆的	不可拆的
螺纹、键销等连接	铆接、焊接、压合、胶合、扩压等	轴与滑动轴承，柱塞与套筒等间隙配合零件	任何连接的铆合头

一、螺纹连接的装配

1. 螺纹连接的种类

螺纹连接是一种可拆的固定连接，它具有结构简单、连接可靠、装拆方便等优点，应用非常广泛。螺纹连接分为普通螺纹连接和特殊螺纹连接两大类。普通螺纹连接主要包括螺栓、双头螺柱和螺钉连接，见图 11 - 1。

（1）螺栓连接：螺栓连接的优点是装卸方便，但装拆时需要两把扳手同时进行。

（2）双头螺柱连接：双头螺柱连接运用于被连接零件中的一件较厚，不便用螺栓连接以及需要经常拆卸的地方。

（3）螺钉连接：使用螺钉连接时，不需要螺母。普通螺钉，

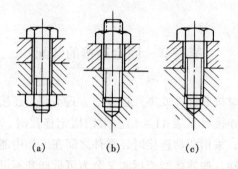

图 11-1 普通螺纹连接的三种类型

(a) 螺栓连接；(b) 双头螺栓连接；(c) 螺钉连接

适用于受力不大的地方。除普通螺钉外，还有机用螺钉、紧固螺钉和吊环螺钉等，见图 11-2。

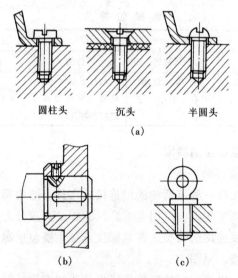

图 11-2 螺钉

(a) 机用螺钉；(b) 紧固螺钉；(c) 吊环螺钉

与螺栓配合用的螺用种类较多，常见的有六角螺母、圆形螺母、蝶形螺母和六角槽形螺母等，如图 11-3 所示。

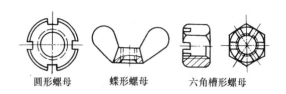

圆形螺母　　　　蝶形螺母　　　　六角槽形螺母

图 11 - 3　　各种螺母

2．螺纹连接的装卸工具

螺纹连接装卸时用的手工工具主要有扳手和螺丝刀（见图 11 - 4）。

（1）扳手。常用的扳手有活扳手、固定开口扳手、梅花扳手、套筒扳手、锁紧扳手、内六角扳手和扭力扳手等。

1）活扳手（活络扳手）：活扳手（a）的主要优点是通用性大。在螺母对边尺寸不规范或数量不多时，使用活扳手较为方便。为了防止在装拆螺母或螺钉时损坏扳手，一般不宜将扳手开到最大开度，而只用其最大开度的 3/4〔见图 11 - 4（a）〕。活扳手的使用范围见表 11 - 2。

表 11 - 2　　　　　　　　活扳手适用范围

活络扳手规格	最小螺纹限定规格	最大螺纹限定规格
100 × 13（4″）	M4	M6
150 × 18（6″）	M5	M8
200 × 24（8″）	M6	M10
250 × 30（10″）	M10	M16
300 × 36（12″）	M12	M18
350 × 46（15″）	M18	M24

2）固定开口扳手（呆扳手）：呆扳手（b）有单头、双头〔图 11 - 4（b）〕及单只、成套之分。双头呆扳手的开口尺寸有：5.5 × 7、8 × 10、9 × 11、12 × 14、14 × 17、17 × 19、19 × 22、22 × 24、24 × 27、30 × 32 等十二种。

3）固定整体扳手（c）：常用的固定整体扳手有梅花扳手和

方形、六角形［见图 11 - 4（c）］。整体式扳手的工作部位是封闭的，其受力情况优于开口式。由于梅花扳手的内孔有 12 个角只需转过 30°，就可调换方向再扳，故能在扳动范围狭窄的地方工作。又因梅花扳手头部下弯，所以装拆位于稍凹处的六角螺母或螺钉非常方便。

4）套筒扳手（d）：套筒扳手由套筒、手柄、连接杆和万向接头等组成［见图 11 - 4（d）］。它除具有梅花扳手的优点外，还特别适用于各种特殊位置（如位置狭小、凹下、转角等处）装拆螺母或螺钉。

5）锁紧扳手（e）：锁紧扳手的形式较多［如图 11 - 4（e）所示］，主要用来装卸圆螺母。

6）内六角扳手（f）：内六角扳手用于装拆内六角螺钉，适用范围为 M3 ~ M24 的内六角螺钉，其规格用六角形对边尺寸表示［见图 11 - 4（f）］。

7）扭力扳手（g）：扭力扳手也称为测力扳手，如图 11 - 4（g）所示。它是用来控制施加于螺纹连接的拧紧力矩，并使之符合规定值的一种旋紧工具。该图所示的扭力扳手是一种老式结构，其扭矩值不能根据需要进行调整，且无扭矩控制装置。目前，比较先进的扭力扳手可以调整扭矩值，而且能控制扭矩，有的还可自动记录螺栓的扭矩。从技术工艺规范的要求看，应普及扭力扳手的应用，以改变现在旋紧螺栓全凭"自我感觉"的工艺状况。

（2）螺丝刀（起子）。螺丝刀［见图 11 - 4（h）］是用来旋紧或松开头部带沟槽的小螺钉的工具。其工作部分是用碳素工具钢制成，并经淬火硬化。标准螺丝刀由手柄、刀体和刀口组成，刀口分平口和十字型两类。其规格是以刀体部分的长度表示的，如 100mm（4″）、150mm（6″）、200mm（8″）、300mm（12″）及 400mm（16″）等。

3．螺纹连接装配技术要求

（1）保证有一定的拧紧力矩。拧紧力矩的大小是根据螺栓直

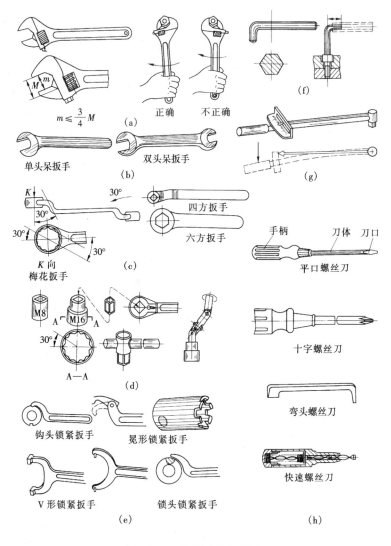

$m \leqslant \frac{3}{4} M$

（a）

正确　不正确

单头呆扳手　双头呆扳手

（b）

（f）

四方扳手

六方扳手

K 向
梅花扳手

（c）

手柄　刀体　刀口

平口螺丝刀

M8　M16

A　A

30°

A—A

（d）

十字螺丝刀

钩头锁紧扳手　冕形锁紧扳手

弯头螺丝刀

V形锁紧扳手　锁头锁紧扳手

（e）

快速螺丝刀

（h）

图 11 - 4　常用扳手和螺丝刀

（a）活络扳手；（b）固定开口扳手（呆扳手）；（c）固定整体扳手；（d）套筒扳手；

（e）锁紧扳手；（f）内六角扳手；（g）扭力扳手（不可调式）；（h）螺丝刀（起子）

径、材质及紧力要求确定的。一般紧固螺纹连接件，通常采用普

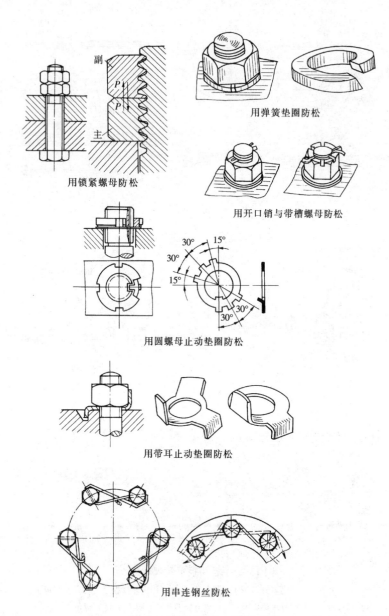

用锁紧螺母防松

用弹簧垫圈防松

用开口销与带槽螺母防松

30° 15°
30°
15°
30° 30°

用圆螺母止动垫圈防松

用带耳止动垫圈防松

用串连钢丝防松

图 11-5 常见的螺纹防松装置

通扳手，风动或电动扳手拧紧。对于重要的、有严格要求的螺纹连接，常用控制扭矩法、控制扭角法和控制螺纹伸长法来保证准确的紧力。

（2）有可靠的防松装置。螺纹连接一般都具有自锁性，在静载荷下，不会自行松脱。但在冲击、振动或交变载荷的作用下，会使螺纹之间正压力突然减小，螺母回转，使螺纹连接松动。因此，螺纹连接应有可靠的防松装置，以防止摩擦力矩减小和螺母回转。常见的螺纹防松装置见图 11 – 5。

4. 螺纹连接装配工艺

（1）双头螺柱的装配要点。在装配时，应保证双头螺柱与机体螺纹的配合有足够的紧固性，要保证在装拆螺母的过程中，无任何松动现象。通常，螺柱的紧固端应采用具有足够过盈量的配合，如图 11 – 6 (a) 所示。也可以阶台形式紧固在机体上，如图 11 – 6 (b) 所示。有时也采用把最后几圈螺纹制作的浅些，以达到紧固配合的目的。

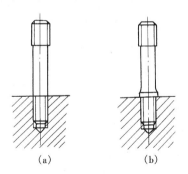

(a)　　　　　　(b)

图 11 – 6　双头螺柱的紧固形式

(a) 具有过盈量的配合；(b) 具有阶台的紧固

装入双头螺柱时，必须常用油润滑，以免旋入时产生咬住现象，也便于以后的拆卸。

（2）拧紧双头螺柱的方法。常用的方法有：用两个螺母拧紧，如图 11 – 7 (a) 所示。先将两个螺母相互锁紧在双头螺柱上，然后扳动上面的一个螺母，把双头螺柱拧入螺孔中；用长螺母拧紧，如图 11 - 7 (b) 所示。长螺母上的止动螺钉是用来阻止长螺母与双头螺柱之间相对转动的，先将止动螺钉旋紧，然后扳动长螺母，旋紧双头螺柱。松开止动螺钉，即可松掉长螺母。

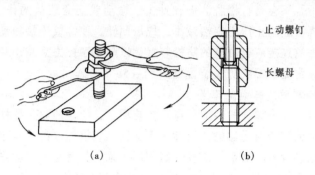

图 11 - 7 双头螺柱拧入法

(a) 用两个螺母拧入方法；(b) 用长螺母拧入

(3) 螺母和螺钉的装配要求。螺母和螺钉装配除了要按一定的拧紧力矩来拧紧以外，还应注意以下几点：

1) 螺杆不允许产生弯曲变形；螺钉头部、螺母底面应与连接件接触良好。

2) 被连接件应均匀受压，互相紧密贴合，连接牢固。

3) 成组螺栓或螺母拧紧时，应根据被连接件形状，螺栓的分布情况，按一定的顺序逐次（一般为 2 ~ 3 次）拧紧螺母。在拧紧长方形布置的成组螺母时，应从中间开始，逐渐向两边对称地扩展，见图 11 - 8 (a)；在拧紧圆形或方形布置的成组螺母时，必须对称地进行，见图 11 - 8 (b)；如有定位销，应从靠近定位销的螺栓开始，以防螺栓受力不一致，甚至变形。

4) 连接件在工作中有振动或冲击时，为了防止螺钉或螺母松动，必须有可靠的防松装置。

二、键连接的装配

键是用来连接轴和轴上零件，以传递扭矩的一种机械零件。

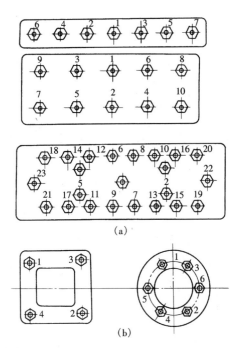

图 11 – 8　成组螺栓或螺母的拧紧顺序

(a) 拧紧长方形布置的成组螺母顺序;

(b) 拧紧方形、圆形布置的成组螺母顺序

根据结构特点和用途不同，键连接可分为松键连接、紧键连接和花键连接三大类。本章主要介绍松键连接和紧键连接的装配。

1. 松键连接的装配

松键连接所用的键有普通平键、半圆键、导向平键及滑键等。它们的特点是，两侧面为工作面，只能对轴上零件作周向固定，不能承受轴向力。轴上零件的轴向固定，要靠紧固螺钉，定位环等定位零件来实现。松键连接能保证轴与轴上零件有较高的同轴度，在高速精密连接中应用较多。

(1) 松键连接的装配技术要求。由于键是标准件，各种不同配合性质的获得，是靠改变轴槽、轮毂槽的极限尺寸来得到的。

图 11 – 9 为普通平键连接。键与轴槽采用 $\dfrac{P9}{h9}$ 或 $\dfrac{N9}{h9}$ 配合，键与毂槽的配合为 $\dfrac{Js9}{h9}$ 或 $\dfrac{P9}{h9}$，即键在轴上和轮毂上均固定。这种连接应用于高精度，传递重载荷，冲击及双向扭矩的场合。

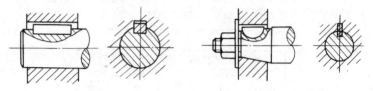

图 11 – 9　普通平键连接　　　　图 11 – 10　半圆键连接

图 11 – 10 为半圆键连接。键在轴槽中能绕槽底圆弧曲率中心摆动，装拆方便。但因键槽较深，使轴的强度降低。一般用于轻载，适用于轴的锥形端部。

图 11 – 11 为导向平键连接。键与轴槽采用 $\dfrac{H9}{h9}$ 配合，用螺钉将键固定在轴上。键与轮毂采用 $\dfrac{D10}{h9}$ 配合，轴上零件能做轴向移动。为了拆卸方便，设有起键螺钉。导向平键用于轴上零件轴向

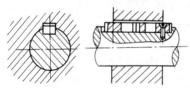

图 11 – 11　导向平键的连接

移动量不大的场合，如变速箱中的滑移齿轮。

图 11 – 12 为滑键连接的一种。键固定在轮毂槽中（较紧配合），键与轴槽为间隙配合，轴上零件能带键作轴上移动。用于轴上零件轴向移动量较大的场合。

（2）松键连接装配要点。单件小批量生产中，常用手工配键，其装配步骤及要求如下：

1）清理键与键槽上的毛刺，以防配合后产生过大的过盈量而破坏配合的正确性。

2）对于重要的键连接，装配前应检查键的精度、键槽对轴

心线的对称度和平行度等。

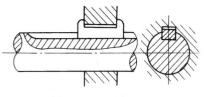

图 11 – 12　滑键连接

3）用键的头部与轴槽试配，应能使键较紧地嵌在轴槽中（对普通平键、导向平键而言）。

4）锉削键长，要求在长度方向上，键与轴槽有 0.1mm 左右的间隙。

5）在配合面上加机油，用铜棒或台虎钳（钳口应加软钳口）将键压装在轴槽中，并与槽底接触良好。

6）试配并安装套件（齿轮、带轮等），键与轮毂键槽底的非配合面应有间隙（一般为 0.3～0.4mm），以求轴与套件达到同轴度要求。装配后的套件在轴上不能左右摆动。否则，容易引起冲击和振动。

2. 紧键连接的装配

紧键连接主要指楔键连接，楔键连接分为普通楔键和钩头楔键两种，如图 11 – 13 所示。楔键的上下两面是工作面，键的上

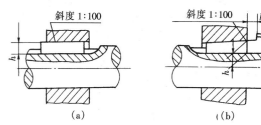

图 11 – 13　楔键连接
（a）普通楔键；（b）钩头楔键

表面和毂槽的底面各有 1:100 的斜度，键侧面与键槽有一定的间隙。装配时需打入，靠楔紧作用传递扭矩。紧键连接还能轴向固定零件和传递单方向轴向力。但使轴上零件与轴的配合产生偏心和歪斜。多用于对中性不高，转速较低的场合。有钩头的斜键用

于不能从另一端将键打出的场合，如图 11 - 13（b）所示。

（1）紧键连接的装配技术要求。楔键的斜度应与轮毂槽的斜度一致。否则，套件会发生歪斜，同时降低连接强度；楔键与槽的两侧要留有一定间隙；对于钩头楔键，不应使钩头紧贴套装件端面，必须留有一定距离，以便拆卸。

（2）紧键连接装配要点。装配紧键时，要用涂色法检查楔键上下表面与轴槽和轮毂槽的接触情况，若发现不良，可用锉刀、刮刀修整键槽。合格后，轻敲装入。

三、销连接的装配

销连接在机械中的主要作用是定位、连接或锁定零件，有时还可作为安全装置中的过载剪断元件，如图 11 - 14 所示。

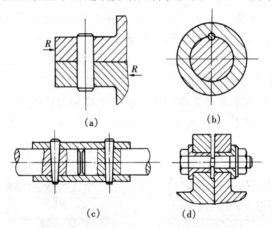

图 11 - 14　销连接的作用
（a）定位作用；（b）、（c）连接作用；（d）保险作用

销是一种标准件，形状和尺寸已标准化。销的种类较多，其中最多的是圆柱销和圆锥销。

1. 圆柱销的装配

圆柱销一般依靠过盈固定在孔中，用以定位和连接。因对销孔尺寸、形状、表面粗糙度要求较高，所以销孔在装配前需进行铰孔加工。同时，被连接件的两孔应同时钻、铰，并使孔壁表面

粗糙度 Ra 值低于 $1.6\mu m$，以保证连接质量。在装配时，应在销子表面涂机油，用铜棒轻轻打入。圆柱销不宜多次装拆，否则会降低定位精度和连接的紧固。

2. 圆锥销的装配

圆锥销装配时，两连接的销孔也应一起钻、铰。钻孔时按圆锥销小头直径选用钻头（圆锥销以小头直径和长度表示规格），用 1:50 锥度的铰刀铰孔。铰孔时，用试装法控制孔径。以圆锥销自由地插入全长的 80% ~ 85% 为宜，如图 11 – 15 所示。然后，用手锤轻轻敲入。

拆卸圆锥销时，可从小头向外敲出。有螺纹的圆锥销可用螺母或拔销器拔出。

四、过盈连接的装配

过盈连接是依靠包容件（孔）和被容件（轴）配合后的过盈值达到紧固连接的。装配后，轴的直径被压缩，孔的直径被胀大。由于材料的弹性变形，在包容件和被包容件配合面间产生压力。工作时，依靠此压力产生摩擦力来传递扭矩、轴向力。

图 11 – 15　圆锥销
自由插入铰过孔的深度

过盈连接结构简单、同轴度高、承载能力强，能承受变载和冲击力，同时可避免由于采用键连接需加工键槽而削弱零件强度。但过盈连接配合表面的加工精度要求较高，装配较困难。过盈配合面多为圆柱面，也有圆锥面或其他形式。

1. 过盈连接装配技术要求

（1）要有足够、准确的过盈值。配合后过盈值的大小，是按连接要求的紧固程度确定的。过盈量太小，就不能满足传递扭矩的要求，但过盈量太大，则会造成装配困难。

（2）配合面应具有较小的表面粗糙度值，并要特别注意配合表面的清洁。

（3）配合件应有较高的形位精度，装配中注意保持轴与孔中心线同轴度，保证装配后有较高的对中性。

（4）装配前，配合表面应涂油，以免装入时擦伤表面。

（5）装配时，压入过程应连续，速度稳定不宜太快，通常为 2～4mm/s，并准确控制压入行程。

2．圆柱面过盈连接装配

圆柱面过盈连接是依靠轴、孔尺寸差来获得过盈。按配合后产生过盈量大小不同，而采用不同的装配方法。

（1）压入法。当过盈量及配合尺寸较小时，一般采用在常温

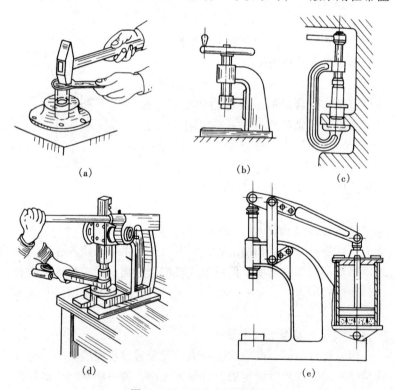

（a）　　　　　　　　　（b）　　　　　　　　（c）

（d）　　　　　　　　　（e）

图 11－16　压入方法和设备

（a）手锤和垫块；（b）螺旋压力机；（c）C形夹头；

（d）齿条压力机；（e）气动杠杆压力机

下压入配合法装配。常用压入方法和设备如图 11 - 16 所示。

（2）热胀配合法。热胀配合法也称热套，它是利用金属材料热胀冷缩的物理特性，在轴孔有一定过盈条件下，将孔加热，使之胀大，然后将常温下的轴装入胀大的孔中，待孔冷却后，轴孔就形成过盈连接。

热胀配合的加热方法，应根据过盈量及套件尺寸大小选择。过盈量较小的连接件可放在沸水槽（80 ~ 100℃）、蒸汽加热槽（120℃）和热油槽（90 ~ 320℃）中加热。过盈量较大的中、小型连接件可放在电阻炉或红外线辐射加热箱中加热。过盈量大的中型和大型连接件可用感应加热器或用氧 - 乙炔焰加热。

（3）冷缩配合法。冷缩配合法是将轴进行低温冷却，使之缩小，然后与常温孔装配，得到过盈连接。如过盈量小的小型连接件和薄壁衬套等可采用干冰冷缩（可冷至 - 78℃），操作简单。对于过盈较大的连接件，如发动机连杆衬套等可采用液氮冷缩（可冷至 - 195℃）。

第四节　轴　承　的　装　配

轴承是用来支承轴的部件，有时也用来支承轴上的回转零件。承受由轴传来的力和力矩，保持轴的准确位置。

轴承的种类很多，按工作元件间摩擦性质分，有滑动轴承和滚动轴承；按承受载荷的方向分，有向心轴承（承受径向力）、推力轴承（承受轴向力）和向心推力轴承（同时承受径向力和轴向力）等。

一、滑动轴承的装配

滑动轴承是一种滑动摩擦的轴承，根据滑动轴承和轴颈之间润滑状态，又分为液体摩擦滑动轴承和非液体摩擦滑动轴承。其主要特点是平稳、无噪声、润滑油膜有减振能力，能承受较大冲击载荷。

滑动轴承的装配要求，主要是轴颈与轴承孔之间应获得所需要的间隙、良好的接触和充分地润滑，使轴在轴承中运转平稳。滑动轴承的装配方法取决于它们的结构形式。

1. 整体式向心滑动轴承的装配

（1）结构特点。图 11 - 17 是一种整体式滑动轴承。这种轴承的主要结构是在轴承座内压入一个青铜轴套，套内开有油槽、油孔，以便润滑轴承配合面。轴套与轴承座用紧固螺钉固定，以防轴套因旋转错位而使轴套断油。

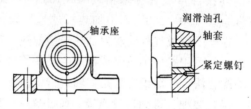

图 11 - 17　整体式滑动轴承

整体式滑动轴承构造简单，制造容易，但磨损后无法调整轴颈与轴套之间的间隙，装拆也不方便。常用在轻载、低速或间歇工作的机械上，有时将轴套直接压入箱体孔上，以简化结构。

（2）装配要点。整体式滑动轴承装配时应按下列步骤进行：

1）压入轴套。根据轴套尺寸和结合时过盈量的大小，采用压入法或敲入法装配。当尺寸和过盈量较小时，可用手锤加垫板将轴套敲入；尺寸和过盈量较大时，则应用压力机压入或用拉紧夹具把轴套压入机体中。压入轴套时要注意配合面应清洁，并涂上润滑油。为了防止轴套歪斜，压入时可用导向环或导向心轴导向。

2）轴套定位。压入轴套后，按图样要求用紧固螺钉或定位销等固定轴套位置，以防轴套随轴转动。如图 11 - 18 所示为几种常用的轴套固定方式。

3）修整轴套孔。轴套由于壁薄，压入后内孔易发生变形，如内径缩小或呈椭圆形、圆锥形等。因此，压装后要用铰削、刮削或滚压等方法，对轴套孔进行修整。

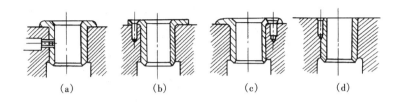

| (a) | (b) | (c) | (d) |

图 11 - 18 轴套的固定方式

(a) 径向紧定螺钉固定；(b) 端面铆钉固定；

(c) 端面沉头螺钉固定；(d) 骑缝螺钉固定

2. 剖分式滑动轴承的装配

(1) 结构特点。典型的剖分式滑动轴承的结构如图 11 - 19 所示，它是由轴承座、轴承盖、剖分轴瓦、垫片及双头螺柱等组成。

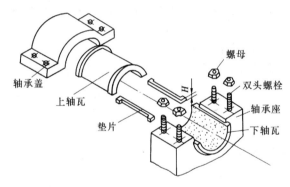

图 11 - 19 剖分式滑动轴承的结构

(2) 装配工艺要点。剖分式滑动轴承的装配工艺要点如下：

1）轴瓦与轴承座、盖的装配：上下轴瓦与轴承座、盖装配时，应使轴瓦背与座孔接触良好，用涂色法检查，着色要均匀。如不符合要求时，厚壁轴瓦以座孔为基准修刮轴瓦背部。薄壁轴瓦不便修刮，需进行选配。为达到配合的紧密，保证有合适的过盈量（即配合紧力），薄壁轴瓦的剖分面应比轴承座的剖分面略高一些，如图 11 - 20 所示。图中 Δh 值一般取 $0.05 \sim 0.1$mm。

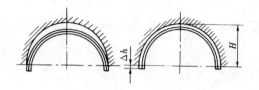

图 11 - 20　薄壁轴瓦的选配

一般轴瓦装入时，应用木槌轻轻锤击，由声音判断是否贴实。

2）轴瓦孔的配刮：一般多用与轴瓦配合的轴来研点。研点前，在上下轴瓦内涂显示剂（红丹），然后把轴和轴承装好，双头螺柱的紧固程度，以能转动轴为宜。当研点配刮到显点达到要求，且螺柱均匀紧固后，轴能轻松地转动又无过大间隙（间隙值可取轴颈的 $1/1000 \sim 1.5/1000$）时，即为刮削合格。清洗轴瓦后就可重新装入。

二、滚动轴承的装配

滚动轴承是滚动摩擦性质的轴承。一般由外圈、内圈、滚动体和保持架组成。在内、外圈上有光滑的凹槽滚道，滚动体可沿着滚道滚动，以形成滚动摩擦。它具有摩擦小、效率高、轴向尺寸小、装拆方便等优点。

1.圆柱孔轴承的装配

（1）座圈的安装顺序。按轴承的类型不同，轴承内、外圈有不同的安装顺序。

1）向心球轴承应按座圈配合松紧程度决定其安装顺序。当内圈与轴颈配合较紧，外圈与壳体孔配合较松时，应先将轴承装在轴上。压装时，以铜或软钢作的套筒垫在轴承的内圈上，如图11 - 21（a）所示。然后，连同轴一起装入壳体中；当轴承外圈与壳体孔为紧配合，内圈与轴颈为较松配合时，应将轴承先压入壳体中，如图 11 - 21（b）所示；当轴承内圈与轴、外圈与壳体孔都是紧配合时，应将轴承同时压在轴上和壳体孔中，如图 11 - 21（c）所示。这时，套筒的端面应作成能同时压紧轴承内外圈端面的圆环。总之，装配时的压力应直接加在待配合的套圈端面上，决不能通过滚动体传递压力；

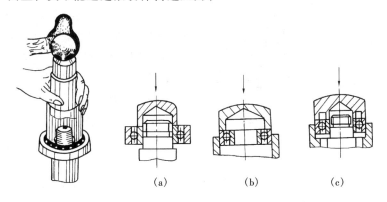

(a)　　　　　　　(b)　　　　　　　(c)

图 11 - 21　压装圆柱孔轴承用的套筒

(a) 压装内圈用的套筒；(b) 压装外圈用的套筒；(c) 同时压装内外圈用的套筒

2）圆锥滚子轴承座圈的安装：由于外圈可以自由脱开，装配时内圈和滚动体一起装在轴上，外圈装在壳体孔内，然后再调整它们之间的游隙。

（2）座圈压入方法选择。座圈压入方法及所用工具的选择，主要由配合过盈量的大小确定。

1）当配合过盈量较小时，可用图 11 - 22 所示方法压入轴

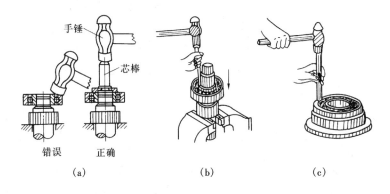

手锤

芯棒

错误　　　正确

(a)　　　　　　　(b)　　　　　　　(c)

图 11 - 22　把轴承装在轴上和轴承孔内的方法

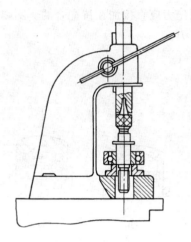

图 11-23 用压力机压入

承。其中图 11-22（a）为用套筒压入法；图 11-22（b）、（c）是用铜棒对称地在轴承内圈（或外圈）端面均匀敲入。严格禁止直接用手锤敲打轴承座圈。

2）当配合过盈量较大时，可用压力机械压入。一般常用杠杆齿条或螺旋压力机，如图 11-23 所示。若压力不能满足还可以采用油压机装压轴承；

3）当配合过盈量很大时，可用温差法装配。图 11-24 是将轴承加热，然后与常温轴配合。为避免轴承接触到比油温高得多的箱底，形成局部过热，加热时轴承应搁在油箱内的网格上［见图 11-24（a）］。对于小型轴承，可以挂在油中加热［见图 11-24（b）］。待加热到 80～100℃时即可装配。

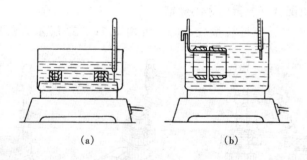

(a)   (b)

图 11-24 轴承在油箱中加热的方法

2. 推力球轴承的装配

推力球轴承有松环和紧环之分，装配时要注意区分。松环的内孔比紧环内孔大，与轴配合有间隙，能与轴相对转动。紧环与轴取较紧的配合，与轴相对静止。装配时一定要使紧环靠在转动零件的平面上，松环靠在静止零件的平面上。否则使滚动体丧失作用，同时也会加快紧环与零件接触面间磨损（见图11－25）。

3. 滚动轴承的拆卸

滚动轴承的拆卸方法与其结构有关。对于拆卸后还要重复使用的轴承，拆卸时不能损坏轴承的配合表面，不能将拆卸的作用力加在滚动体上，如图11－26所示的方法是不正确的。

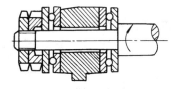

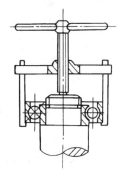

图11－25　推力轴承的装配

图11－26　不正确的拆卸方法

圆柱孔轴承的拆卸，可以用压力机，如图11－27所示，也可用拉出器，如图11－28所示。

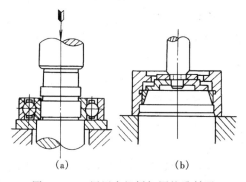

(a)　　　　　　(b)

图11－27　用压力机拆卸圆柱孔轴承

(a) 从轴上拆卸轴承；(b) 可分离轴承拆卸

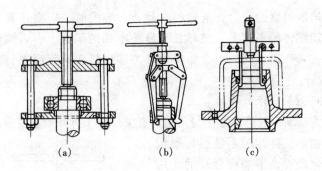

图 11 - 28　滚动轴承拉出器

（a）双杆拉出器；（b）三杆拉出器；（c）拉杆拆卸器

第五节　传动机构的装配

一、带传动机构的装配

带传动是将挠性带紧紧地套在两个带轮上，利用传动带与带轮之间的摩擦力来传递运动和动力。常用的带传动有三角带传动和平型带传动两种。

1．带传动机构的技术要求

（1）带轮的安装要正确。通常要求其径向圆跳动量为 $1/1000D$，端面跳动量为 $0.5/1000D$，D 为带轮直径。

（2）两带轮在中间平面应重合，其倾斜角和轴向偏移量不应过大。一般倾斜角不应超过 $1°$，否则会使带脱落或加快带侧面磨损。

（3）带轮工作表面粗糙度要适当，一般为 $R_a3.2\mu m$。过粗糙，工作时发热高而加剧带的磨损；过于光滑，则带易打滑。

（4）带的张紧力要适当，且调整方便。

2．带轮的装配

一般带轮孔与轴为过渡配合（$H7/k6$），此类配合有少量过盈，同轴度较高。为传递较大的扭矩，还需要用紧固件保证周向固定和轴向固定。带轮在轴上的固定方式如图 11 - 29 所示。

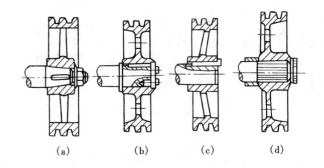

(a)　　　　　(b)　　　　　(c)　　　　　(d)

图 11 – 29　带轮与轴的连接

(a) 圆锥轴颈（挡圈轴向固定）；(b) 轴肩（挡圈轴向固定）；

(c) 楔键（周向、轴向固定）；(d) 隔套（挡圈轴向固定）

装配时，根据轴和轮毂孔键槽修配键，然后清除安装面上的污物，并涂上润滑油，用手锤将带轮轻轻打入，或用螺旋压入工具将带轮压到轴上，如图 11 – 30 所示。

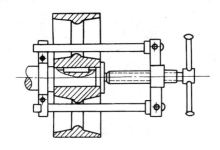

图 11 – 30　螺旋压入工具

3. 三角带的安装

安装时，先将三角带套在小轮轮槽中，然后再套在大轮上，边转动大轮，边用螺丝刀将三角带拨入带轮槽中。装好后的三角带在槽中的正确位置如图 11-31 所示。

4. 张紧力的控制

因为带传动是摩擦传动，适当地张紧力是保证带传动正常工作的重要因素。张紧力不足，带将在带轮上打滑，使带急剧磨

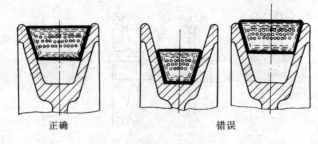

正确　　　　　　　　　　错误

图 11－31　三角带在槽中的位置

损；张紧力过大，则会使带的使用寿命降低，轴和轴承上作用力增大。

由于传动带工作一段时间后，将会产生永久性的变形，使张紧力减小。所以在带传动机构中都有调整张紧力的张紧机构，如图 11－32 所示。张紧力的调整方法是靠改变两轮的中心距来调节张力或用张紧轮张紧。

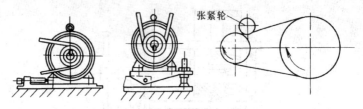

张紧轮

图 11－32　张紧力调整

二、链传动机构的装配

链传动是由两链轮和连接它们的链条组成，通过链和链轮的啮合来传递运动和动力，如图 11－33 所示。

常用的传动链有套筒滚子链及齿形链

1. 链传动机构的装配技术要求

（1）链轮两轴线必须平行，否则会加剧链条和链轮的磨损，降低传动平稳性并增加噪声；

（2）两链轮之间轴向偏移量不能太大，一般当两轮中心距小于 500mm 时，轴向偏移量 a 应在 1mm 以下。两轮中心距大于

500mm 时，则 a 应在 2mm 以下。检查时可用直尺或拉线法。

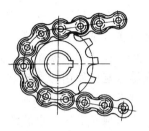

图 11 – 33　链传动

（3）链条的下垂度要适当，过紧会增加负载，加剧磨损；过松则容易产生振动或脱链现象。检查链条下垂度的方法如图 11 – 34 所示。若链传动是水平的或稍微倾斜（在 45°以内），下垂度 f 可取 2%L；倾斜度增大时，应减少下垂度。

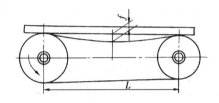

图 11 – 34　链条的下垂度检查

2. 链传动机构的装配

链轮在轴上的固定方法，如图 11 – 35 所示。图 11 – 35（a）为用键连接后，再用紧定螺钉固定；图 11 – 35（b）为圆锥销固定。链轮装配方法与带轮装配方法基本相同。

套筒滚子链的接头形式如图 16 – 36 所示。其中图 11 – 36（a）为用开口销固定活动销轴；图 11 – 36（b）为用弹簧卡片固定活动销轴，这两种都在链条节数为偶数时适用。用弹簧卡片时要注意使开口端方向必须与链条的速度方

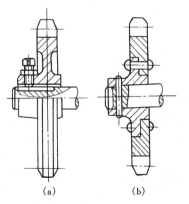

图 11 – 35　链轮的固定方式

（a）链连接后紧定螺钉固定；（b）圆锥销固定

向相反，以免运转中受到撞碰而脱落。图 11 - 36 （c）为采用过渡链节接合情况，链节数为奇数时适用。这种过渡链节的柔性好，具有缓冲和吸振作用，但这种链板会受到附加弯曲作用，所以应尽量避免使用奇数链节。

对于链条两端的接合，若两轴中心距可调节且链轮在轴端时，可以预先接好，再装到链轮上。若结构不允许链条预先将接头连好时，则必须先将链条套在链轮上以后再进行连接。

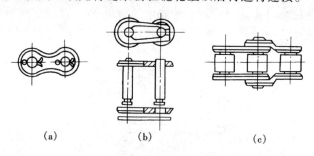

（a） （b） （c）

图 11 - 36　套筒滚子链的接头形式
（a）用开口销固定；（b）用弹簧片固定；（c）用过渡链节接合

三、圆柱齿轮传动机构的装配

圆柱齿轮传动是机械中常用的传动方式之一，它是依靠轮齿间的啮合来传递运动和扭矩的。

1. 装配技术要求

（1）齿轮孔与轴的配合要适当，能满足使用要求。齿轮在轴上不得有晃动现象。

（2）保证齿轮有准确的安装中心距和适当的齿侧间隙。齿侧间隙指齿轮副非工作表面法线方向距离。侧隙过小，齿轮传动不灵活，热胀时易卡齿，加剧磨损；侧隙过大，则易产生冲击、振动。

（3）保证齿面有一定的接触面积和正确的接触位置。

2. 圆柱齿轮机构的装配

圆柱齿轮装配一般分两步进行：先把齿轮装在轴上；再把齿

轮轴部件装入箱体。

在轴上固定的齿轮，与轴的配过多为过渡配合，有少量的过盈。若过盈量不大时，用手工工具敲击装入；过盈量较大时可用压力机压装；过盈量很大的齿轮，则需采用液压套合的装配方法。压装齿轮时要尽量避免齿轮偏

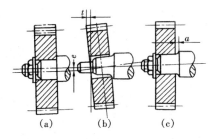

图 11 – 37　齿轮在轴上的安装误差

(a) 齿轮偏心；(b) 齿轮歪斜；(c) 齿轮端面未贴紧轴肩（注图中 e、t、a 为误差值）

心、歪斜和端面未贴紧轴肩等安装误差，如图 11 – 37 所示。齿轮在轴上装好后，对于精度要求高的应检查径向跳动量和端面跳动量。

图 11 – 38　蜗杆传动机构

四、蜗杆传动机构的装配

螺杆传动机构用来传递互相垂直的两轴之间的运动（见图 11 – 38），可以得到较大的降速比，结构紧凑有自锁性，传动平稳，噪声小。缺点是传动效率较低，工作时发热大，需要有良好的润滑。

1. 蜗杆传动的技术要求

（1）蜗杆轴心线应与蜗轮轴心线互相垂直；

（2）蜗杆轴心线应在蜗轮轮齿的对称中心平面内；

（3）蜗杆、蜗轮间的中心距要准确；

（4）有适当的齿侧间隙；

（5）有正确的接触斑点。

2. 蜗杆机构的装配过程

蜗杆传动机构的装配顺序，应根据结构的情况而定。一般是先装蜗轮、后装蜗杆，但有时也有相反的。

（1）组合式蜗轮应先将齿圈压装在轮毂上，其方法与过盈配合装配相同，并用螺钉加以紧固。

（2）将蜗轮装在轴上，其安装及检验方法与圆柱齿轮相同。

（3）把蜗轮轴装入箱体，然后再装入蜗杆。因为蜗杆轴的位置已由箱体孔决定，要使蜗杆轴线位于蜗轮轮齿的对称中心面内，只能通过改变调整垫片厚度的方法，调整蜗轮的轴向位置。

装配后的蜗杆传动机构，要检查它的转动灵活性。蜗轮在任何位置上，用手旋转蜗杆所需的扭矩均应相同，没有过松或过紧现象。

五、联轴器的装配工艺

联轴器主要用于两轴间相互连接，也可用于轴和其他零件或两个其他零件相互连接。它的主要用途是传递运动和扭矩。此外，也可作为一种安全装置，保护被连接的机械，不因过载而损坏。

联轴器有联轴节和离合器两类。联轴节只在机器停车时，用拆卸的方法才能使两轴脱离传动关系；离合器则可以在机器运转过程中随时分开或结合。

1. 联轴节的装配

（1）法兰式联轴节的装配。联轴节的装配技术要求在一般情况下是保证两轴的同轴度。其装配要点及测量方法如下（见图 11－39）：

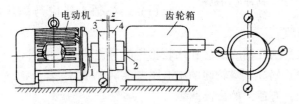

图 11－39 法兰式联轴节的装配

1、2—轴；3、4—法兰盘

1）先在轴 1、轴 2 上装入平键和法兰盘 3 和 4，并固定齿轮箱；

2）将百分表固定在法兰盘 4 上，并使百分表的测头顶在法兰盘 3 的外圆上，找正法兰盘 3 和 4 的同轴度；

3）移动电动机，使法兰盘 3 的凸台少许插进法兰盘 4 的凹孔内；

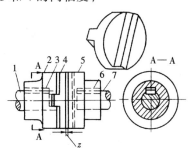

4）然后转动轴 2，测量两个法兰盘面间的间隙 z，若间隙均匀，则移动电机使两法兰盘端面靠紧，把电动机固定后，再用螺栓紧固两法兰盘。

图 11 - 40　十字沟槽式联轴节

1、7—轴；2、5—套筒；

3、6—键；4—中间圆盘

（2）十字沟槽式联轴节的装配。十字沟槽式联轴节（见图 11 - 40）工作时允许两轴线有少量径向偏移和歪斜，其装配要点如下：

分别在轴 1 和轴 7 上修配健 3 和键 6，安装套筒 2 和 5，并把钢直尺靠放在以 2 和 5 的外圆为基准的面上，使 2 和 5 的外圆都和钢直尺均匀接触，并在垂直和水平两个方向检查，找正后再安装中间圆盘 4，并移动轴，使套筒和圆盘间留有少量间隙 z，要求中间圆盘 4 在套筒 2 和 5 的槽内能自由滑动。

2．离合器的装配

（1）离合器装配技术要求。在接合和分开时动作要灵敏，能传递足够的扭矩，工作要平稳。

（2）牙嵌式离合器装配。在牙嵌式离合器（见图 11 - 41）装配时先修配固定键和滑键，把两个滑键用埋头螺钉固定在轴 1 上，使离合器 2 能轻快地沿轴 1 移动，然后将离合器 3 压到轴 4 上，再把环 5 安装在离合器 3 内，并用螺钉固定。最后将轴 1 装入环 5 的孔内，以对正中心。矩形齿的离合器的啮合间隙要尽量小些，以免旋转时产生冲击。

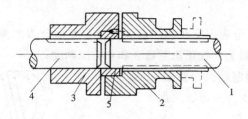

图 11-41　牙嵌式离合器

1、4—轴；2、3—离合器；5—环

操作训练 25　齿轮减速箱检修练习

一、目的与要求

知道齿轮减速箱的结构、各零件的作用及有关质量标准。知道齿轮传动的基本知识及主要参数含义。知道齿轮减速箱的拆装工艺及检修要点。能测量齿部齿隙及轮齿的啮合状况并能进行分析。能鉴定三角带的松紧并能进行调整。

二、准备工作

1. 设备

（1）二级齿轮减速箱（每工位一台，供两人练习）。

（2）蜗杆减速箱（每工位一台，供两人练习）。

齿轮减速箱配有供试车用的电动机，用三角皮带轮传动，三角皮带轮的轮槽不得少于两槽，带的松紧可以调整，其调整结构不限。电动机的电源线，建议采用三相插座，试车时插上插头即可（不宜采用临时接线方式）。

2. 工具量具及其他

通用检修工具及量具（百分尺、塞尺、游标卡尺）每工位一套，并配 500mm×300mm 油盘一个。其他辅料如机油、清洗剂、铅丝及接触磨合涂料（检查齿轮啮合印迹的专用涂料）。

三、训练内容

以检修二级齿轮减速箱为主。二级齿轮减速箱的结构，如图

11-42 所示。

（一）解体

1. 断开电动机电源

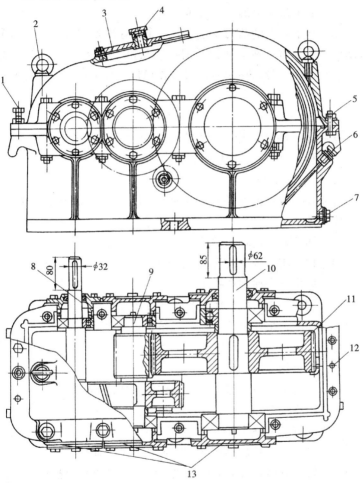

图 11-42 二级圆柱齿轮减速箱

1—顶丝；2—吊环；3—检查孔盖板；4—排油气孔；5—连接螺栓；

6—油位检查杆；7—放油螺钉；8—高速齿轮轴；9—中间轴；

10—低速齿轮轴（输出轴）；11—末级齿轮；12—定位销；13—轴承端盖

拉开电动机电源刀闸，拔下电动机电源线三相插座并将电线盘卷好。

2．卸下三角带轮

（1）取下带轮上的三角皮带。

（2）卸下高速轴端的皮带轮。通常高速轴颈与带轮孔采用锥形结构，拆卸时将轴头锁紧螺帽拧松几扣（不取下），用铜棒对称轻击轮端面，带轮振松后，将带轮稳住，取下螺帽，再将带轮取下。

3．放油

适当垫高箱体，拧下放油螺钉 7，将箱体内排尽（装入油桶）。实习时可以不向箱体内注油。

4．箱体解体顺序

解体顺序应根据设备的结构而定，以图 11 - 42 所示的图例，其解体顺序如下：

（1）卸下各滚动轴承端盖 13；

（2）拧下箱体接合面螺栓 5；

（3）拔出接合面定位销 12；

（4）用顶丝 1 将接合面顶松（不许用錾子楔接合面）；

（5）在上盖吊环上拴上绳索或吊钩将上盖吊起并平放在干净的木板上；

（6）取出箱体内齿轮；

（7）用清洗剂清洗取下的零部件及箱体内部，清洗后，按顺序将零件摆在油盘内。

5．轴上套装件的拆卸

关于轴上套装件的拆卸问题，应遵循下列原则：

（1）轴上套装件凡属紧配合的，只要套装件没有损坏或不需要进行解体检修的，均不拆卸。

（2）装配在轴上的滚动轴承，只要不更换或不影响轴上其他套装件的检修与拆装，就不用将轴承取下，其清洗工作可连同轴进行。

（3）若必须要拆卸，则应熟悉所拆部件的结构及配合方式。至于采用何种拆卸方法，应根据设备结构及配合紧力而定，不允许盲目乱敲、乱撬，强行野蛮拆卸。

（4）若套装件因锈蚀、卡死、变形、磨损等原因而拆卸不开或报废时，则允许采用破坏性拆卸法。此时应保存价值高的、制造困难的或质量较好的零件。

在实习中不要利用减速箱的齿轮轴进行套装练习及滚动轴承的拆装练习。

（二）减速箱的测量与检查

这部分内容是本课题的实习重点。减速箱的测量与检查项目如下：

（1）测量齿轮的啮合间隙。

（2）检查齿面的接触情况及磨损程度。

（3）测量并调整滚动轴承的轴向间隙。

（4）测量并调整齿轮轮齿的啮合中心（蜗杆传动、人字齿及伞型齿传动）。

（5）测量滚动轴承外圈紧力（对开式结构）。

（6）检查箱体接合面的接触情况。

检查与测量工艺详见本课题第四部分。

（三）装配与试车

1. 装配

装配是设备的完成阶段，装配质量的优劣，直接影响设备的使用寿命及出力。装配工作应按装配工艺及质量要求一工步一工步地循序进行，只有保证每一工步的装配正确、无误，方可有最后的总体高质量，并避免装配后返工。

装配前，要求所有零部件均已完成其修理与清洗工作。为了使装配工作能顺利地进行，某些配合件还应先行试装。

在实习时，因不涉及到轴上套装件的拆装，故减速箱的装配工艺仅为按部件顺序进行组装及调整，在组装时，应注意以下事项：

（1）在组装时除擦净即将组装的零件外，还应在各配合面上抹上少量机油，如轴承孔、滚动轴承内外滚道、轮齿等。

（2）将齿轮轴按序放入箱体，由于两轴的轮齿相互咬合，当第一根齿轴就位后，放第二根齿轴时，会发生因轮齿咬合不当，轴放不下的现象，此时只需将第一根齿轴微微抬起或转动一下即可。

（3）齿隙与齿面的检查，这两项工作可在解体时进行，也可放在组装时进行。实习时，不作重载啮合检查。

（4）组装上盖时，应注意：退出顶丝，使顶丝头进入上盖接合面。接合面是否需要加垫及要加多厚的垫，应根据滚动轴承的外圈紧力数据而定。

（5）在拧紧接合面连接螺栓前，装入定位销，螺栓紧固后，将销稍加打紧。

（6）在装轴承端盖前，应根据测记的轴向间隙值，对端盖内外止口垫片进行调整。

（7）若输入、输出轴有轴封，则应按油封的结构要求组装好。

（8）装好三角带轮，并对三角带的松紧程度进行调整。三角带的张紧装置如图 11－43 所示。

为了节省实习场地，可将减速箱与电动机安装在一整体的型钢架上（见图 11－44）。

2．试车

试车是检验检修质量的重要手段。通过试车可查明设备各部的相互作用的协调性和各部件的可靠性。也只有通过试车，方可证实设备经检修是否达到预期的检修目的，故设备在检修后都必须经过试车。每类设备均有其试车规程，在规程中详细地编制了试车程序，并确定在各工况下的试验项目及质量标准。总之设备经试车无误后，方可认定检修合格。

减速箱的试车工作包括空载试验与重载试验（从部分负荷到满负荷，直至在允许范围内的超负荷试验）。由于实习条件所限，故实习时只作空载试验，其试车程序如下：

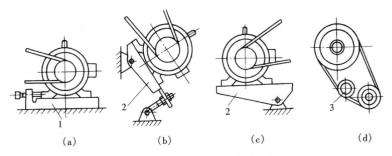

图 11 – 43　三角带传动张紧装置

(a) 用导轨调整；(b) 用活动支架调整；(c) 自动调整；(d) 用张紧轮调整

1—导轨；2—机架；3—张紧轮

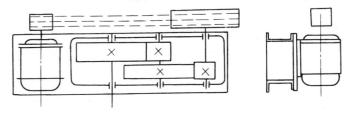

图 11 – 44　减速箱与电动机机架示意

（1）组装工作结束后，将现场清理干净，插上电动机电源插头。

（2）检查减速箱与电动机地脚螺栓是否已全部紧固；三角带的松紧程度是否适当；箱体内是否有油（实习时，因试车时间短，可以不加油，只要求在组装时在转动零件上加点机油）。

（3）合上电源刀闸（合闸前应取得指导教师的同意），当电动机到达额定转速后，检查电动机空载电流、减速箱音响及箱体振动。空载运行数分钟后，若未发现问题，则可认定组装合格。

（4）拉开电源刀闸，拔下电动机电源插头，并将电源线盘好。

复习题

一、判断题

1. 比较复杂的产品，其装配工作通常分为部件装配和总装

配。 （　　）

2. 螺纹连接属于可拆式的活动连接。 （　　）

3. 松键连接的特点是两顶面是工作面，且为间隙配合。

（　　）

4. 销连接在机械中的主要作用是定位、连接或锁定零件，有时还可作为安全装置中的过载保护元件。 （　　）

5. 当过盈连接过盈量不大时，可采用温差法进行装配。

（　　）

6. 滚动轴承内、外圈的公差带与一般意义上的孔轴公差带一样。 （　　）

7. 装卸滚动轴承时，绝不能通过滚动体传递压力。 （　　）

8. 带传动中的带轮表面粗糙度值越小越好。 （　　）

9. 链传动是通过链和链轮的啮合来传递运动和动力的。

（　　）

10. 蜗杆传动机构的装配顺序一般是先装蜗杆，后装蜗轮。

（　　）

二、选择题

1. 将两个或两个以上零件组合在一起，或将零件与几个组合件结合在一起，成为一个装配单元的装配工作，都可以称为（　　）。

（1）部件装配；（2）总装配；（3）零件装配。

2. 锉配松键时，要求在长度方向上，键与轴槽有（　　）左右的间隙。

（1）0.05mm；（2）0.1mm；（3）0.15mm。

3. 楔键属于紧键连接，其上下两面为工作面，键的上表面与毂槽底面各有（　　）的斜度。

（1）1:30；（2）1:50；（3）1:100。

4. 配铰圆锥销孔时，用圆锥销试装法控制孔径，以圆锥销自由插入全长的（　　）为宜。

（1）60% ~ 65%；（2）70% ~ 75%；（3）80% ~ 85%。

5. 推力轴承有松环与紧环之分，装配时一定要使紧环靠在（　　）的平面上。

（1）转动零件；（2）静止零件；（3）转动或静止零件。

6. 链传动两链轮之间的轴向偏移量不能太大，一般当两链轮中心距小于 500mm 时轴向偏移量应在（　　）以下。

（1）0.5mm；（2）1mm；（3）2mm。

三、问答题

1. 装配工作包括哪些内容？

2. 检验和试车包括哪些内容？

3. 简述零件清洗时的注意事项。

4. 简述螺纹连接的装配技术要求。

5. 简述紧键连接的装配技术要求和装配要点。

6. 简述过盈连接的装配技术要求。

7. 简述推力球轴承的装配要点。

8. 简述圆柱齿轮机构的装配技术要求。

9. 简述蜗杆传动机构的装配技术要求。

附录一 砂轮机安全操作规程

1. 砂轮机应有防护罩，如不完善禁止使用。

2. 砂轮片有裂纹，螺母有松动现象时，严禁使用。砂轮机托板距离砂轮片的间隙最大不超过 3mm。

3. 砂轮机附近严禁堆放杂物，场地必须平整、明亮、通畅。

4. 使用砂轮机时，应戴好防护眼镜，站在砂轮机侧面工作。启动电源后，待砂轮转动正常(砂轮片的转向应使火花向下)，方可使用。

5. 在同一砂轮片上，禁止二人同时使用。使用时禁止与他人谈话，严禁围着砂轮机谈笑打闹。

6. 禁止在砂轮机上磨削实习工件。

7. 修磨工具时，用力不得过大，工具应拿稳，防止在砂轮片上跳动。

8. 使用过程中，如发现异常现象，应立即停机。

9. 使用完毕后，及时切断电源。

附录二 钻床安全操作规程

1. 严禁戴手套操作。必须戴好工作帽。

2. 钻床工作台上，禁止堆放物件。

3. 钻削时，必须用夹具夹持工件，禁止用手拿。薄工件应在其下部垫上垫块。

4. 钻出的金属屑禁止用手或棉纱之类物品清扫。

5. 应对钻床定期添加润滑油。

6. 使用钻夹头装卸麻花钻时，需用钻钥匙，不许用手锤等工具敲打。

7. 变换转速、装夹工件、装卸钻头时，必须停车。

8. 发现工件不稳，钻头松动、进刀有阻力时，必须停车检查，消除缺陷后，方可启动。

9. 操作者离开钻床时，必须停车。使用完毕后，及时切断电源。

尺寸公差、形位公差和配合精度基本要求参考表

mm

项目	课题(示例)号	要求阶段	錾削 尺寸 100×100	锉削 尺寸 100×100	锯割 尺寸 50×50	钻孔 孔径 φ10	钻孔 孔距 50~100	扩孔 孔径 φ10	扩孔 孔距 50~100	锪孔 孔深	铰 孔径 φ10	铰 孔距 50~100	攻套丝	刮削 点数 200×200	刮削 尺寸 200×200	研磨	锉配
尺寸公差		训练	±1	±0.1	±1	±0.1	±0.3	±0.1	±0.2	+2			±0.3	≥12			
		初级	±0.6	±0.06	±0.8	+0.1	±0.15	+0.06	±0.1	+0.6	IT8	±0.1	±0.15	≥16	−0.05	0.02	
		中级	±0.4	±0.04	±0.6	+0.04	±0.1	+0.02	±0.05	+0.2	IT7	±0.05	±0.1	≥20	−0.02	0.01	
形位公差	一	训练	≤0.8														
		初级	≤0.7													0.005	
		中级	≤0.4													0.005	
	口	训练	≤0.8	≤0.1	≤0.8		≤0.8										
		初级	≤0.5	≤0.06	≤0.6		≤0.6								0.02		
		中级	≤0.2	≤0.04	≤0.5		≤0.5								0.01		
	//	训练	≤1.2	≤0.14	≤0.8												
		初级	≤0.7	≤0.1	≤0.6										0.02	0.01	
		中级	≤0.5	≤0.06	≤0.5										0.01	0.01	

项目	符号	课题要求(示例) 阶段	整削 100×100	锉削 尺寸 100×100	锯割 50×50	钻孔 孔径 φ10	钻孔 孔距 50~100	扩孔 孔径 φ10	扩孔 孔距 50~100	锪孔 孔深	铰孔 孔径 φ10	铰孔 孔距 50~100	攻套丝	刮削 200×200 尺寸	刮削 点数	研磨	锉配
形位公差	⊥	训练级	≤0.8	≤0.12	≤0.8												
		初级	≤0.5	≤0.08	≤0.7												
		中级	≤0.4	≤0.04	≤0.5												
	∠	训练级		≤0.12													
		初级		≤0.08													
		中级		≤0.04													
	二	训练级															
		初级		≤0.1													
		中级		≤0.06													
	⊕	训练级															
		初级					φ0.3			φ0.2		φ0.2	延伸带 30φ0.2	0.02		0.01	
		中级					φ0.2			φ0.14		φ0.14	延伸带 30φ0.2	0.01		0.01	
	(	训练级		≤0.1													
		初级		≤0.08												0.06	
		中级		≤0.06												0.04	

284

课题 要求(示例) 阶段号 符号 项目	錾削	锉削	锯割	钻孔		扩孔		锪孔	铰孔		攻套丝	刮削		研磨	锉配
尺寸(示例)	100×100	尺寸 100×100	50×50	孔径 φ10	孔距 50~100	孔径 φ10	孔距 50~100	孔深	孔径 φ10	孔距 50~100		200×200 点数	尺寸		
表面粗糙度 ▽ 训练	3.2▽	3.2▽													
表面粗糙度 ▽ 初级		3.2▽		12.5▽		6.3▽			6.3▽	1.6▽		6.3▽		0.8▽	0.4▽
表面粗糙度 ▽ 中级		1.6▽		6.3▽		3.2▽			3.2▽	1.6▽		3.2▽		0.8▽	0.1▽
间隙 训练															
间隙 初级														≤$\frac{H8}{h8}$	$\frac{H8}{h8}$
间隙 中级														≤$\frac{H7}{h7}$	$\frac{H7}{h7}$

注 选用工件尺寸与本表示例不同时，可参用本表的精度要求予以折算

参 考 答 案

第一章 入 门 知 识

一、选择题

1．（1）；2．（2）；3．（2）；4、（3）。

二、问答题

1.答：钳工基本操作技能包括：测量、划线、锯割、錾削、锉削、钻孔、锪孔、铰孔、攻螺纹与套螺纹、矫正与弯曲、铆接、刮削、研磨和简单热处理等。

2.答：使用和保养台虎钳时应注意下列几点：

（1）台虎钳必须牢固地固定在钳台上，工作时不能有松动现象，以免损坏台虎钳或影响加工质量；

（2）夹紧和松卸工件时，严禁用手锤敲击或套上管子转动手柄，以免损坏丝杠和螺母；

（3）不允许用大锤在台虎钳上锤击工件。带砧座的台虎钳，只允许在砧座上用手锤轻击工件；

（4）用手锤进行强力作业时，锤击力应朝向固定钳身，否则容易损坏丝杠和螺母；

（5）螺母、丝杠及滑动表面应经常加润滑油，保证台虎钳使用灵活。

3.安全文明实习的基本要求如下：

（1）严格遵守安全操作规程；

（2）不准擅自动用不熟悉的工具和设备；

（3）使用设备前应对设备进行检查，发现故障及时报告老师；

（4）工作前，必须穿好工作服、工作鞋，戴好工作帽和其他必要的劳保用品；

（5）使用电气设备和开合闸刀时，应防止触电，使用完毕后应及时切断电源；

（6）若发生了人身、设备事故，应立即报告，不得隐瞒，以防事故扩大。

第二章　量具与测量

一、判断题

1.√；2.√；3.×；4.×；5.×；6.√；7.×；8.√；9.√；10.√。

二、选择题

1.（1）；2.（2）；3.（1）；4.（2）；5.（2）；6.（2）；7.（1）；8.（1）；9.（2）。

三、问答题

1. 答：用来测量工件尺寸、形状和位置和工具称为量具；测量就是某一被测量与标准量（基准单位）之间的比较过程。

2. 答：精度为 0.02mm 的游标卡尺，其主尺每小格 1mm，将主尺上 49mm 在副尺上等分 50 格。则副尺每格为 49/50 = 0.98mm；主尺与副尺每格相差为 1 - 0.98 = 0.02mm。所以其测量精度为 0.02mm。

游标卡尺的读数方法其分三步：

（1）整数值　副尺零线左边主尺上的毫米整数；

（2）小数值　在副尺上查出哪一条线与主尺刻线对齐（第一条零线不算），并数出副尺格数，则

副尺上的小数值 = 游标卡尺精度 × 副尺格数

（3）测量数值

测量数值 = 主尺上的整数值 + 副尺上的小数值

3. 答：百分尺的刻线原理如图 2 - 35 所示，将活动套筒圆锥面等分为 50 格，当活动套筒转动一圈时，测微螺杆轴向位移 0.5mm（螺杆螺距为 0.5mm）；活动套筒转动一格时（即 1/50 圆

周），测微螺杆轴向移动为 $0.5 \times 1/50 = 0.01\text{mm}$。所以，百分尺的测量精度为 0.01mm。

百分尺的读数方法：

（1）读出固定套筒露出刻线的毫米整数和半毫米数；

（2）读出活动套筒圆锥面上与基准线对齐的小数刻度值；

（3）两数相加即为测量数值。

4．答：百分表的使用要求及注意事项如下：

（1）百分表必须牢固地固定在表架或其他支架上；

（2）测量时，应轻轻提起测杆，把工件移至测头的下面，缓慢下降测头，使之与工件接触；

（3）测头与被测工件表面接触时，测杆应预先有 1mm 左右的压缩量，以保证初始测力，提高百分表的稳定性；

（4）为了读数方便，测量前可把百分表的指针指到刻度盘的零位。

（5）在平面上测量时，测杆要与被测表面垂直，以保证测杆移动的灵活性，降低测量误差。在圆柱形工件表面上测量时，应保证测杆中心与工件纵向轴心线垂直并通过轴心。

5．答：水平仪是机器制造和修理中最基本的检测工具之一，主要用于测量零、部件的直线度和零件间的垂直度、平行度及设备的水平度等。常用的水平仪有条形水平仪、框式水平仪和合像水平仪等。

6．答：用水平仪测量设备的直线度误差时，先将被测面分成若干测段（每测段长应等于或略大于水平仪底面长，并要求每测段相等），再用水平仪依次由一段移至另一段来进行逐段测量，并记录其测值。然后将测段和测值分别用同一比例列入直角坐标系，连接各交点，形成一条曲线，该曲线就是被测设备的直线度误差。

7．答：使用水平仪时应注意：

（1）使用前应将水平仪底面和被测面用布擦干净，被测面不允许有锈蚀、油垢、伤痕等，必要时可用细砂布将被测面轻轻砂光。

（2）把水平仪轻轻地放在被测面上。若要移动水平仪时，则只能拿起再放下，不允许拖动，以免磨伤水平仪底面。

（3）观看水平仪的格值时，视线要垂直于水平仪上平面。第一次读数后，将水平仪在原位（用铅笔划上端线）掉转180°再读一次，其水平情况取两次读数的平均值，这样即可消除水平仪自身的误差。若在平尺上测量机体水平，则需将平尺和水平仪分别在原位调头测量，共读四次，四次读数的平均值即为机体水平情况。

（4）用完后，将水平仪底面涂油脂进行防锈保养。

第三章　划　　线

一、判断题

1. ×；2.√；3. ×；4.√；5. ×；6.√；7.√；8. ×；9.√。

二、选择题

1.（2）；2.（1）；3.（2）；4.（2）；5.（3）；6.（2）；7.（3）。

三、问答题

1. 答：工件加工前进行划线有以下作用：

（1）确定加工位置、加工余量，使加工有明确的标志，以便指导加工，防止出现因盲目加工而造成材料和人工浪费。

（2）发现和淘汰不符合图样要求的毛坯件。

（3）通过"借料"方法补救有某些缺陷的毛坯工件。

（4）在板料上合理排料，充分利用材料。

2. 答：划线前的准备工作主要有以下内容：

（1）工、量具的准备。根据划线图样的要求，合理选择所需要的工具和量具，并认真检查有无缺陷。

（2）工件的检查和清理。先根据图样检查毛坯工件（或半成品工件）是否符合要求，然后清除铸件上的浇口、型砂，锻件上的飞边、氧化皮和半成品件上的污垢、浮锈等。

（3）工件的涂色。在工件划线部位上涂上薄而均匀的涂料。

3．答：划线时工件上用来确定其他点、线、面尺寸和位置的点、线、面称为工件的划线基准。

确定平面划线的基准参照以下三种类型：

（1）以两条互相垂直的边线作为划线基准；

（2）以两条互相垂直的中心线作为划线基准；

（3）以互相垂直的一条直线和一条中心线作为划线基准。

4．答：在工件上冲眼时主要有以下要求：

（1）冲眼位置准确，不可偏斜。

（2）冲眼大小适度。在薄板和已加工表面上冲眼应小些、浅些；在粗糙工件表面及钻孔中心处的冲眼应大些、深些。

（3）冲眼间距均匀适当。在直线上冲眼时，间距可大些（一般在十字中心线、线条交叉点和折角处均应冲眼）；在曲线上冲发时，间距可小些。

5．答：划线一般按下列步骤进行：

（1）看清图样，详细了解工件上需要划线的部位，明确工件及划线有关部分在产品上的作用和要求，了解有关后续加工工艺。

（2）确定划线基准。

（3）初步检查毛坯的误差情况。

（4）正确安放工件和选用工具。

（5）划线。

（6）仔细检查划线的准确性，以及是否有线条漏划。

（7）在线条上冲眼。

第四章　錾　削

一、判断题

1．√；2．×；3．×；4．×；5．×。

二、选择题

1．（2）；2．（3）；3．（1）；4．（3）。

三、问答题

1．答：

（1）切削部分的材料比工件的材料要硬；

（2）切削部分必须成楔形。

2．答：錾子的楔角是提高工作效率的关键因素。楔角小的錾子在工作中切削省力，效率高，但是强度低，易损坏；楔角大的錾子反之。所以在选择錾子的楔角时应遵循以下原则：在保证錾子切削部分强度足够的前提下，尽可能选择较小的楔角。

錾子楔角的大小应根据工件材料进行合理选择。选择时可参阅表4－1。

3．答：扁錾的刃磨要求是：

（1）切削刃与錾子的中心线垂直；

（2）两刀面平整且对称；

（3）楔角大小适宜。

尖錾的刃磨要求：刃磨扁錾的要求同样适用于尖錾，但因尖錾的构造及用途不同于扁錾，故尖錾有以下特殊要求：

（1）尖錾切削刃的宽度按槽宽尺寸要求刃磨；

（2）两侧面的宽度应从切削刃起向柄部变窄，形成1°～3°的副偏角，避免錾槽时被卡住。

4．答：手锤的握法有松握法和紧握法两种。錾子的握法有正握法、反握法和立握法三种。

第五章　锯　　割

一、判断题

1．√；2．×；3．×；4．×。

二、选择题

1．（3）；2．（2）；3．（2）。

三、问答题

1. 答：锯路就是锯条上的全部锯齿，按一定的规律左右错开，排列成一定的形状。

常用的锯路形式有波浪式和交叉式两种。

锯路的作用是：在锯割时增大锯缝的宽度，以减少锯缝对锯条的摩擦阻力，防止夹锯。

2. 答：起锯的方法有远起锯和近起锯两种。起锯时左手拇指靠住锯条，起锯角度约为15°，要求至少有3个锯齿接触工件。一般多采用远起锯，这种方法便于观察锯割线，而且锯齿不宜卡住。

起锯操作要点：行程短，压力小，速度慢，起锯角度正确。

3. 答：产生锯条折断的主要原因有：

(1) 锯条装得过松或过紧；

(2) 工件夹持不牢或抖动；

(3) 锯缝歪斜，纠正过急；

(4) 行程过短卡死锯条或旧锯缝中使用新锯条；

(5) 操作不熟练或不慎。

第六章 锉 削

一、判断题

1. ×；2. ×；3. √；4. ×；5. √；6. ×；7. √。

二、选择题

1. (2)；2. (1)；3. (1)；4. (3)。

三、问答题

1. 答：用锉刀对工件表面进行切削加工，使其尺寸、形状、位置和表面粗糙度达到要求的操作称为锉削。锉削精度可高达0.01mm，表面粗糙度可达 $R_a0.8$。

锉削的应用很广，如锉削平面、曲面、内外角度，以及各种复杂形状的表面和锉配等。

2. 答：

（1）选定锉刀的长度尺寸，决定于工件的加工面积和加工余量。一般加工面积较大、余量较多的工件，选用较长的锉刀。

（2）选定锉刀的断面形状，决定于工件加工部位的几何形状。

（3）选定锉齿的粗细，决定于工件的加工精度，加工余量、表面粗糙度的要求和材料的软硬。一般加工精度较高、余量较少、表面粗糙度值较小、材料较硬的工件时，选用较细的锉刀；反之选用较粗的锉刀。

3. 答：锉削时，工件夹持的具体要求是：

（1）工件应夹持在钳口中间部位；

（2）工件夹持应牢固，但不能使其变形；

（3）工件伸出钳口部分不易过高或过低，伸出过高工件易抖动，过低易伤手；

（4）夹持精加工表面时，必须使用钳口垫铁（铁板、紫铜板或铝板制成），以防夹伤工件表面。

4. 答：锉配就是主要通过锉削加工方法，完成两个或两个以上零件相互结合，并达到规定技术要求的操作。

（1）按照配合件结构锉配可分为：封闭式锉配和开放式锉配两种；

（2）按照配合件的加工工艺锉配可分为：试配锉配和不试配锉配两种。

5. 答：试配锉配时先将结合件中的一件按照图纸技术要求加工好，作为基准件，然后根据基准件来加工其余结合件，一般情况下由于外表面易加工，便于测量，易获得较高的精度，故一般先加工凸件，再加工凹件。

加工内表面时，为了便于控制加工精度，一般应选择凹件的有关外形表面作为测量基准。所以在加工内表面前，应对凹件的外形基准面进行加工并达到较高的精度要求。

在进行配合时，可采用光隙法或班点法检查凸凹件的配合情况，确定加工部位和余量，通过加工使其逐步达到配合要求。

第七章　钻孔、扩孔、锪孔与铰孔

一、判断题

1.√；2.×；3.×；4.√；5.√；6.×；7.×；8.×；9.√；
10.×；11.×；12.√；13.√。

二、选择题

1.（2）；2.（2）；3.（2）；4.（1）；5.（2）；6.（1）；7.
（3）；8.（1）；9.（1）；10.（2）。

三、问答题

1.答：用钻头在工件实体部分加工出孔的操作称为钻孔。
钻孔由两种运动组成：

（1）切削运动，即钻头围绕轴心所作的旋转运动，也称为主运动。

（2）进给运动，即钻头沿轴心所作的直线运动，使切削得以连续进行，也称为辅助运动。

2.答：标准麻花钻的切削部分主要由两个前刀面、两个后刀面、两条主切削刃和一条横刃组成。其作用是担负主要切削工作。

3.答：（1）切削平面　在主切削刃上任意一点的切削平面是通过该点，并与工件加工表面相切的平面。

（2）基面　在主切削刃上任意一点的基面是通过该点，并与该点切削速度（v）方向垂直的平面。

（3）主截面　通过主切削刃上的任意一点，并与主切削刃在基面上的投影相垂直的平面。

4.答：刃磨的目的：

（1）将用钝的钻头磨削锋利；

（2）将损坏的切削部分恢复正确的几何角度；

（3）针对标准麻花钻结构上的缺点进行修磨。

刃磨的要求：

（1）顶角、后角和横刃斜角准确合理；

（2）两主切削刃长度相等且对称；

（3）两后刀面光滑。

5．答：

（1）横刃较长，横刃处前角为负值。在切削过程中，横刃处于挤刮状态，钻头轴向力大，易抖动，定心不良，同时产生的热量大。

（2）主切削刃上各点的前角不一样，致使各点切削性能不同。由于靠近钻心处的前角是负前角，切削性能差，易磨损。

（3）棱边上副后角为零，棱边与孔壁直接摩擦，易发热、磨损。

（4）主切削刃长，切屑较宽。因此，切屑卷曲后所占的空间就大，容易堵塞排屑槽。

6．答：扩孔钻的结构特点是：

（1）因中心不切削，没有横刃，切削刃只做成靠近边缘的一段。

（2）因扩孔产生切屑体积小，不需大容屑槽，从而扩孔钻可以加粗钻芯，提高刚度，使切削平稳。

（3）由于容屑槽较小，扩孔钻可做出较多刀齿，增强导向作用。一般整体式扩孔钻有 3～4 个齿。

（4）因切削深度较小，切削角度可取较大值，使切削省力。

7．答：铰孔是对孔进行精加工，前道工序留下的铰削余量应适当。如铰削余量过大，不但孔铰不光，而且铰刀易磨损；如果铰削余量过小，则不能去掉上道工序留下的刀痕，也达不到所要求的表面粗糙度。

第八章　攻螺纹与套螺纹

一、判断题

1．√；2．√；3．×；4．√；5．×；6．√；7．×；8．√；9．√。

二、选择题

1.（2）；2.（2）；3.（3）；4.（1）。

三、问答题

1. 答：丝锥由柄部、切削部分、导向校准部分、容屑槽组成。

2. 答：在攻螺纹的过程中，由于丝锥的几个刀齿同时进行切削，对金属材料产生较明显的挤压作用。使攻螺纹后的螺纹孔内径小于原底孔的直径，若原底孔直径等于螺纹孔内径时，则因挤压作用，丝锥内径将被紧紧箍住，势必给继续切削造成困难，甚至折断丝锥，特别是加工细牙螺纹或塑性较大的材料时，这种现象更为严重。因此攻螺纹前底孔的直径应根据螺纹牙型和工件材料，相应地比螺纹孔内径略大一些，使挤出的金属能进入螺纹内径与丝锥的间隙处。这样既不会挤住丝锥，又能保证加工出的螺纹得到完整的牙型。

3. 答：常见的套丝废品类型主要有烂牙、螺纹歪斜、螺纹齿形瘦小和螺纹太浅。

造成以上废品的主要原因如下：

（1）烂牙的主要原因：①未进行必要的润滑，板牙将工件螺纹损伤；②板牙一直不倒转，切屑堵塞把螺纹啃坏；③圆杆直径太大；④板牙歪斜太多，找正时造成烂牙。

（2）螺纹歪斜的主要原因：①圆杆端部倒角不对称，切入时板牙歪斜；②两手用力不均，板牙位置歪斜。

（3）螺纹齿形瘦小的主要原因：①板牙架经常摆动和借正，使螺纹切去过多；②板牙已切入，仍继续施加压力。

（4）螺纹太浅的主要原因：圆杆直径太小。

四、计算题

1. 解：$v = \pi Dn/1000 = 3.14 \times 18 \times 500/1000 = 28.3$（m/min）

$\alpha_p = D/2 = \alpha_p = 18/2 = 9$（mm）

2. 解：$D_0 = D - P = 18 - 2 = 16$（mm）

钻孔深度 = 所需螺孔深度 + 0.7D = 35 + 0.7 × 18 = 47.6

（mm）

3．解：$d_0 = d - 0.13p = 16 - 0.13 \times 1.5 = 15.8$（mm）

第九章 平 面 刮 削

一、判断题

1．×；2．×；3．×；4．×；5．√；6．×；7．×；8．√。

二、选择题

1．(1)；2．(2)；3．(3)；4．(2)；5．(2)。

三、问答题

1．答：刮削的原理是将工件与校准工具或与其相配合的工件之间涂上一层显示剂，经过对研，使工件上较高的部位显示出来，然后用刮刀刮去较高部位的金属层。经过反复的显示和刮削，工件表面的接触点不断增加。这样，工件的加工精度和表面粗糙度就可以达到预期的要求。

2．答：

(1) 在刮削过程中，由于刮刀用负前角切削，所以对工件表面有推挤、压光的作用，从而使工件表面粗糙度可达 $R_a 0.4 \sim 1.6$。

(2) 经过刮削的工件表面上形成了较均匀的微浅凹坑，这些凹坑可以起到存油、减少配合面摩擦的作用。

(3) 刮削出的花纹可增加工件表面的美观，并判断磨损情况。

3．答：开始刮削时，刮刀刃口接触被刮削平面，落刀的角度为 15°～25°为宜。落刀时的部位由右手控制，且要求落刀平稳，将刮刀轻轻放下。落刀后两手用力下压（下压动作主要由左手完成），与此同时，通过腰部和左腿完成前推动作，紧接着迅速提刀。

在下压、前推和上提三个动作中，左手的压力，腰、腿的前挺与右手的提刀相配合，控制刀迹的深浅、长短和形状。

4. 答：平面刮削一般要经过粗刮、细刮、精刮和刮花四个步骤。

（1）粗刮　粗刮的目的是消除较大缺陷，如较深的加工刀纹、锈斑和较大面积的凹凸不平等缺陷。粗刮时采用长刮法进行刮削，即刮削刀迹较长（约 15～30mm），且连成一片而不重刀，刀迹宽度应为刀刃宽度的 2/3～3/4。然后涂抹显示剂，对研后刮削研点，反复多次。当粗刮至每 25mm² 内有 4～6 点时，粗刮结束。

（2）细刮　细刮的目的在于增加接触点，进一步改善刮削面不平的现象。细刮时采用短刮刮削，即刮削刀迹短而宽，其长度约为刀刃宽度，其宽度约为刀刃宽度的 1/3～1/2。随着研点的增多，刀迹的长度应逐渐缩短。当刮削面上显示出的研点分布均匀，且每 25mm² 内达 12～15 个点时，细刮结束。

（3）精刮　精刮的目的是进一步增加研点数目，提高工件的表面质量，使刮削面精度和表面粗糙度达到要求。精刮时采用点刮法进行刮削，精刮后，每 25mm² 内有 20～25 个研点，精刮结束。

（4）刮花　所谓刮花就是在已刮好的工件表面上刮出排列整齐、形状一致的花纹。刮花的目的是为增加刮削面的美观和使滑动件之间有良好的润滑条件。由此还可根据花纹的消失程度判别刮削面的磨损情况。

第十一章　装配基础知识

一、判断题

1. √；2. ×；3. ×；4. √；5. ×；6. ×；7. √；8. ×；9. √；10. ×。

二、选择题

1.（1）；2.（2）；3.（3）；4.（3）；5.（1）；6.（2）。

三、问答题

1. 答：比较复杂的产品，其装配工作常分为部件装配和总装配。在装配的过程中，还要注意调整工作。具体内容如下：

（1）部件装配。一般来说，凡是将两个或两个以上的零件组合在一起，或将零件与几个组合件结合在一起，成为一个装配单元的装配工作，都可以称为部件装配。

（2）总装配。将零件和部件组合成一台完整产品的过程叫总装配。

（3）调整工作。调整工作就是调节零件或机构的相互位置、配合间隙、结合松紧等，目的是使机构或机器工作协调。如轴承间隙、镶条位置、齿轮轴向位置等的调整工作。

2.答：

（1）检验工作。检验工作就是精度检验，包括工作精度检验、几何精度检验等。

（2）试车工作。试车包括机构或机具运转的灵活性、工作温升、密封性、转速和功率等方面的检查。

3.答：

（1）对于一般橡胶制品，严禁用汽油清洗，以防止发涨变形，而应使用酒精或清洗液进行清洗；

（2）清洗零件时，应根据零件的结构与精度，选用棉纱或泡沫塑料擦拭。如滚动轴承不能使用棉纱清洗，防止棉纱头进入轴承内，影响轴承装配质量；

（3）清洗后的零件，应等零件上的油滴干后再进行装配。同时，清洗后的零件不应放置时间过长，防止脏物和灰尘再次污染零件。

4.答：

（1）保证有一定的拧紧力矩。拧紧力矩的大小是根据螺栓直径、材质及紧力要求确定的。一般坚固螺纹连接件，通常采用普通扳手，风动或电动扳手拧紧。对于重要的、有严格要求的螺纹连接，常用控制扭矩法、控制扭角法和控制螺纹伸长法来保证准确的紧力。

（2）有可靠的防松装置。螺纹连接一般都具有自锁性，在静载荷下不会自行松脱，但在冲击、振动或交变载荷的作用下，会使螺纹之间正压力突然减小，螺母回转，使螺纹连接松动。因此，螺纹连接应有可靠的防松装置，以防止摩擦力矩减小和螺母回转。

5. 答：

（1）紧键连接的装配技术要求。楔键的斜度应与轮毂槽的斜度一致，否则套件会发生歪斜，同时降低连接强度；楔键与槽的两侧面要留有一定间隙；对于钩头楔键，不应使钩头紧贴套装件端面，必须留有一定距离，以便拆卸。

（2）紧键连接装配要点。装配紧键时，要用涂色法检查楔键上下表面与轴槽和轮毂槽的接触情况，若发现不良，可用锉刀、刮刀修整键槽。合格后，轻敲装入。

6. 答：

（1）要有足够、准确的过盈值。配合后过盈值的大小是按连接要求的紧固程度确定的，过盈量太小，就不能满足传递扭矩的要求，但过盈量太大，则会造成装配困难；

（2）配合面应具有较小的表面粗糙度值，并要特别注意配合表面的清洁；

（3）配合件应有较高的形位精度，装配中注意保持轴与孔中心线同轴度，保证装配后有较高的对中性；

（4）装配前，配合表面应涂油，以免装入时擦伤表面；

（5）装配时，压入过程应连续，速度稳定不宜太快，通常为 2～4mm/s，并准确控制压入行程。

7. 答：推力球轴承有松环与紧环之分，装配时要注意区分。松环的内孔比紧环的内孔大，与轴配合有间隙，能与轴相对转动。紧环与轴取较紧的配合，与轴相对静止。装配时一定要使紧环靠在转动零件的平面上，松环靠在静止零件的平面上，否则会使滚动体丧失作用，同时也会加快紧环与零件接触面间的磨损。

8. 答：

（1）齿轮孔与轴的配合要适当，能满足使用要求。齿轮在轴上不得有晃动现象。

（2）保证齿轮有准确的安装中心距和适当的齿侧间隙。齿侧间隙指齿轮副非工作表面法线方向距离。侧隙过小，齿轮转动不灵活，热胀时易卡齿，加剧磨损；侧隙过大，则易产生冲击、振动。

（3）保证齿面有一定的接触面积和正确的接触位置。

9. 答：

（1）蜗杆轴心线应与蜗轮轴心线互相垂直；

（2）蜗杆轴心线应在蜗轮轮齿的对称中心平面内；

（3）蜗杆、蜗轮间的中心距要准确；

（4）有适当的齿侧间隙；

（5）有正确的接触斑点。

参 考 文 献

1 劳动部教材办公室组织编写. 钳工工艺学. 北京：中国劳动出版社，1996.

2 赵鸿逵主编. 热力设备检修基础工艺. 北京：中国电力出版社，1999.

3 王福贵主编. 钳工工艺实习. 北京：科学技术出版社，1993.